水沙变化条件下弯曲分汊河段演变过程模拟技术研究

许海勇　杨燕华　李晓星　甘旭东　周冠男◎著

河海大学出版社
HOHAI UNIVERSITY PRESS
·南京·

图书在版编目(CIP)数据

水沙变化条件下弯曲分汊河段演变过程模拟技术研究/
许海勇等著. —南京:河海大学出版社,2022.7
ISBN 978-7-5630-7566-9

Ⅰ.①水… Ⅱ.①许… Ⅲ.①荆江—河流泥沙—变化
—研究 Ⅳ.①TV152

中国版本图书馆 CIP 数据核字(2022)第 108033 号

书 名/水沙变化条件下弯曲分汊河段演变过程模拟技术研究
书 号/ISBN 978-7-5630-7566-9
责任编辑/杜文渊
特约校对/李 浪 杜彩平
装帧设计/徐娟娟
出版发行/河海大学出版社
地 址/南京市西康路 1 号(邮编:210098)
电 话/(025)83737852(总编室) (025)83722833(营销部)
经 销/江苏省新华发行集团有限公司
排 版/南京月叶图文制作有限公司
印 刷/广东虎彩云印刷有限公司
开 本/718 毫米×1000 毫米 1/16
印 张/10.5
字 数/200 千字
版 次/2022 年 7 月第 1 版
印 次/2022 年 7 月第 1 次印刷
定 价/79.00 元

前　言

　　长江上游的梯级枢纽尤其是三峡工程修建运行以后,进入长江中下游的水沙过程发生了明显变化。为适应水沙条件的变化,下游河道的河势会不断进行自我调整。长江中下游的弯曲分汊河道,其汊道在新水沙条件下冲淤变形,主支汊的河势会重新调整,自然条件下的周期性易位的规律可能将不复存在。本书主要以长江中游下荆江河段的窑监段弯曲分汊河道为研究对象,在实测的水文泥沙数据以及地形资料的基础上,基于建立的平面二维水沙输运与河床变形数学模型,研究水沙变化条件下该典型弯曲分汊河段内的水沙运动特点和河床演变规律,并对该河段的河床演变趋势进行了预测。此外,本书还基于冲积河流河相关系研究中常用的极值假说方法,研究了长江中下游典型弯曲分汊河道的水力几何形态与来水来沙条件之间的关系,提出了分汊河道在平衡状态下的主支汊河势与分流分沙比之间的函数关系式以及主支汊转换的临界水沙条件。

　　本书的研究内容可以分为以下三方面:(1)基于浅水方程及非平衡泥沙输运理论,利用 Fortran 语言建立了平面二维水沙输运与河床变形数学模型。在水流计算方面,本书提出了一种考虑三角形计算单元几何特点与分布特征的二阶空间重构新方法。相比于传统的数值重构方法,该方法计算稳定性更好,在不牺牲计算精度的前提下也能提高计算效率;在河床变形计算方面,本书针对在传统河床变形计算过程中,泥沙水下休止角这一限制因素极少被考虑。基于泥沙的质量守恒定律以及非黏性泥沙的物理性质,提出了在非结构网格上河床高程的校正方法。该方法考虑了床面坡度在重力作用下的重构过程,符合河床变形的实际情况,适用于床面冲淤变化幅度较大的情形,从而进一步完善了数学模型的物理机制。

(2)根据窑监段弯曲分汊河道的实测地形资料建立了该河段的平面二维数学模型,并对建立的模型进行了洪、中、枯三级流量下的水位、流速、两汊分流比以及河床变形验证。然后考虑不同来水来沙条件对窑监河道的冲淤影响,分别采用了上游建库减沙工况以及清水冲刷极限工况对该河道进行了 20 年和 10 年的河床变形预测计算。最后分析了窑监河道在不同来水来沙条件下的河床变形规律,并对该河段的演变趋势进行了预测。研究成果对窑监河道以及长江中下游其他典型弯曲分汊河道在水沙变化条件下整治方案的制定具有一定的参考价值。(3)在对冲积河流河相关系研究中常用的极值假说进行了对比研究之后,找出了各种极值假说之间的内在联系,然后基于最小阻力原理提出了一种新的极值假说——"最大流量模数"原理。该原理调解了不同水流能耗率极值假说之间长期存在的争议问题,具有易接受性与普遍的适用性。本书区别于以往的研究,从数学与应用两方面证明了"最大流量模数"原理的正确性,并运用该原理对河流平衡条件的影响因素进行了分析。最后运用最大流量模数原理对分汊河道的主支汊易位规律进行了研究,提出了长江中下游典型弯曲分汊河道处于平衡状态时主支汊河势与分流分沙比之间的函数关系式以及主支汊转换的临界水沙条件。该方法能够真实地反映长江中下游弯曲分汊河道河势的变化规律,并且具有较高的精度,可以用来对长江中下游弯曲分汊河道的河势进行反演和长期的预测研究。

本书为编者结合多年来研究工作取得的进展和研究成果,通过征求意见、广泛调研、资料分析和深入研究,科学、严谨地分析了相关问题并编写成书。受时间和能力所限,难免有不足或疏漏之处,敬请广大读者批评指正。希望本书能够为水利相关专业学生及水沙数值模拟技术研究人员提供一定的帮助。

编者

2022 年 2 月

目　　录

1

绪　　论

1.1　研究意义及背景

长江发源于青海省唐古拉山主峰各拉丹冬雪山,全长 6 397 千米,横跨中国东中西部,流经 11 个省、市、自治区,自西向东注入东海。长江流域全长约 3 219 千米,南北宽约 966 千米,流域总面积达 180 多万平方千米,占据全国总面积的 18%。流域内人口占全国的 36%、GDP 占全国的 37%。水运具有运量大、成本低、节能节地等优势,长江的航运也一直对我国经济有着至关重要的作用与价值,其干线货运量连续多年稳居世界内河货运量第一。自 2005 年起,长江就已经成为世界上最繁忙、货运量最大的通航河流[1]。长江航运事业的发展对促进我国国民经济发展以及流域内地区经济的协调发展有着重要的作用。目前,长江干支流的总通航里程已经超过6.5万千米,占据国内内河通航里程的 50% 以上,水运量更是占据国内内河水运总量的 80%。2016 年,在全球航运市场低迷的背景下,长江干线货运量仍逆势上扬,完成货物通过 23.1 亿吨[2]。

早在 2004 年初,温总理就作出了"高度重视水运,充分利用长江黄金航道"的重要指示。在 2005 年全国交通工作会议上指出"要把内河航运建设摆在更加突出的位置,充分发挥水运的优势,制定完善规划和相关措施,因地制宜,加快长江黄金水道等适合通航河流的航道建设,提高航道等级,形成通畅衔接的航道网"。至 2016 年 9 月,《长江经济带发展规划纲要》正式印发,确立了长江经济带"一轴、两翼、三极、多点"的发展新格局。2018 年 11 月,中共中央、国务院明确要求充分发挥长江经济带横跨东中西三大板块的区位优势,以共抓大保护、不搞大开发为导向,以生态优先、绿色发展为引领,依托长江黄金水道,推动长江上中下游地区协调发展和沿江地区高质量发展。

长江中游航道作为长江干线航道的重要组成部分,起着承上启下的作用,有着显著的战略地位与开发利用价值。长江中游航道通航条件的好坏,直接关系到长江水运主通道的整体畅通以及东西部物资交流和经济交往[3]。尽管在最近十几年内长江航道的建设得到了迅速的发展,但是仍然有一些航道条件相对较差,这与经济发展对航运发展的需求不协调。航运连续性差、通达能力不足、航运设施落后、航运企业小而散等情况,依然在严重制约这条"黄金航道"发挥更大的作用[4]。

长江上游的水电站,尤其是 2003 年 6 月三峡水利枢纽蓄水运行以后,根据水库初步的调度方案,汛期下泄水量减少,枯季下泄水量增加。大量泥沙在库区落淤,下泄水流呈明显的次饱和状态,下游河道的河床发生长距离、长时段的自上而下的冲刷,水位也有较大幅度的下降[5]。相关的统计资料表明,自三峡水利枢纽蓄水运行以来,宜昌站对应流量 5 600 m³/s 情况下的枯水水位已经累计下降了 0.67 米,葛洲坝三江下引航道的水深问题也越来越突出。在水沙条件变异的情况下,为了适应水沙条件的变化,下游河道的河势会不断进行自我调整,会引起长江中下游浅滩段通航条件的变化。在宜昌至大埠街的砂卵石河段,局部卵石浅滩出现了航道水深不足的情况,局部区域出现了坡陡流急的现象,使得船舶上行的压力加大[6]。在大埠街至安庆的沙质顺直河段,出现了岸线崩退、边滩冲刷的情况,使得河道展宽、河心淤积,浅滩的形态恶化;部分的沙质弯曲河段出现了"凸冲凹淤"的现象,导致河段的通航条件恶化;沙质分汊河段的江心洲滩冲刷严重,短汊发育,主支汊易位调整[7]。比较典型的是位于上荆江河段的太平口水道,该水道是三峡下游的首个沙质浅滩段。自三峡水利枢纽蓄水运行以来,主流取直,太平口水道三八滩南汊基本保持稳定发展,而北汊的进口心滩不断淤积发展,原先"南槽—北汊"的通航条件不断恶化[8],如图 1.1 所示。位于下荆江的窑监河道也发生了航槽淤浅、通航条件变差的不利变化。近几年窑监河道的主航道位于江心洲右汊的乌龟夹,但是乌龟夹进口段浅滩交错散布,槽口多变,通航条件恶劣,成了长江中游碍航问题最突出的河段之一。

(a) 太平口水道 2012 年 2 月地形图

(b) 太平口水道 2017 年 11 月地形图

图 1.1 太平口水道三八滩南汊冲刷发展、北汊通航条件恶化

窑监河道属于微弯分汊河道,历来都是长江中游的重点碍航河段之一,其水沙运动复杂,演变特点主要体现在主支汊周期性的易位,这给该河段的航运带来许多不确定的因素。弯曲分汊型河道在长江中下游的冲积平原河流中十分常见(如:沙市、戴家洲、张家洲、天兴洲等水道),其稳定与否会直接影响长江航运的发展。所以,本书以窑监段以及长江中下游其他典型的弯曲分汊型河道为研究对象,研究其水沙运动特征、河床演变规律以及主支汊的易位特性,研究成果不仅可以为窑监河道的航道治理提供科学依据和技术支持,从而打通制约长江中游航道的瓶颈。此外,还能够丰富河流动力学、河床演变学及计算水力学等基础学科中关于弯曲分汊型河道的内容,也能够为长江中下游其他典型的弯曲分汊河道的演变分析与航道治理提供参考依据与技术支持。

本书首先基于浅水方程以及非平衡泥沙输运理论建立了平面二维水沙输运与河床变形数学模型。考虑到在水沙条件变异情况下沙质河道河床的冲淤变形较大(如:太平口水道),计算过程中的床面高程可能出现非物理大坡度的情况,本书基于泥沙的质量守恒定律以及非黏性沙的物理性质提出了在非结构网格上的河床高程校正方法,该方法考虑了床面坡度在重力作用下的重构过程,符合河床变形的实际情况。然后在分析窑监河道新水沙特性的基础上,基于建立的平面二维水沙输运与河床变形数学模型对其进行了不同来水来沙条件下的河床变形计算与演变趋势预测。

其次,针对长江中下游的分汊河段在水沙变异条件下其主支汊河势面临转换的实际情况,本书基于冲积河流河相关系研究中常用的极值假说方法以及最小阻力原理,创新性地提出了一种更加直观的、更易被人接受的极值假说,随后运用该假说对长江中下游的分汊河道的主支汊易位规律进行了研究,并提出了分汊河道在平衡状态下的主支汊河势与分流分沙比之间的函数关系式以及主支汊河势转换的临界水沙条件。该方法能够真实地反映长江中下游弯曲分汊型河道分汊河势的变化规律,并且具有较高的精度,可以用来对长江中下游的弯曲分汊型河道的河势变化进行反演以及长期的预测。

1.2 国内外研究概况

弯曲河流也被称作蜿蜒河流,由一系列的弯道段和与之相连的直道段组成,其不仅具有曲折蜿蜒的平面形态特点,也具有弯曲蠕动的动态特征,是冲积平原河流中最常见的一种河型。自然界中的河流几乎都是弯曲的,且均是由顺直的河流发展演变而来的。当水流流经顺直的天然河道时,即使河道的物质组成和水流均很均匀,原本顺直的河道最终也会发生弯曲,所以弯道可以看作是天然河流的基本组成单元之一。弯曲河流在世界上分布甚广,美国的 Mississippi 河、Red 河、Lumber 河、英国的 Bollin 河、加拿大的 Squamish 河、Lawrence 河,长江流域的汉江下游、黄河流域的渭河下游、海河流域的汝河下游以及有着"九曲回肠"之称的下荆江河段,都是著名的弯曲型河流[9]。相关的统计资料表明,截至目前,我国已修建的水库大坝共计有259 000余座,是世界上大坝数量最多的国家。长江干支流水库共计 51 643 座(部分水

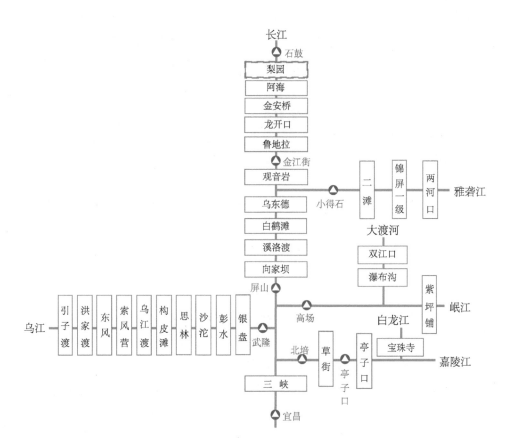

图 1.2　长江干流与主要支流水系及部分水库分布示意图

库分布如图 1.2 所示),总库容达 3 607 亿立方米,占入海年平均径流量的 37.6%[10]。河流上修建的水库会造成水流的非连续性;河流上进行的梯级开发,甚至形成了多座水库串连的格局。在人类活动的干预下,自然状态下曲折蜿蜒的河流被改造成直线型的人工渠道,河道的断面形状也被重新塑造成规则的梯形或者弧形状,人类的活动正在强烈干扰着自然界河流的健康发展。所以弯曲河流的研究在我国尤其具有重要的意义,对我国水利工程、河道整治、河岸防护以及河流健康等方面的研究工作都将起到重要的指导意义。分汊型的河道在冲积平原河流中也很常见,如在长江中下游、珠江广东段、赣江、湘江、美国密西西比河、非洲尼日尔河和贝努埃河等都出现了河流分汊的现象[11]。长江中下游除了宜昌至枝城段的少数河流为从山区向平原过渡的河流以及下荆江的蜿蜒性河流之外,其余均属于含江心洲的分汊型河道。长江中游的城陵矶至下游江阴 1 150 千米的河段内就有 41 处分汊型河段,总长 788.9 千米,占河段总长度近 70%[12]。本书研究的窑监河道就属于典型的弯曲分汊型河道。

弯道水流的水动力特性决定着弯道中泥沙的运动特性,也决定了弯曲河流河床的演变规律。由于弯道水流的曲线运动,水流在向心力作用下会产生水面超高以及水面横比降,横比降催生出横向环流,横向环流和纵向水流的结合演变成三维的弯道螺旋流[13]。在弯道螺旋流的作用下,泥沙的运动分为纵向运动和横向运动。弯道内水流运动与河床变形的相互作用机理研究也是河流动力学的重要内容之一。多年以来,已经有许多学者从各个方面对弯道内特有的水流运动和河床演变特征进行了广泛的研究,说明了弯道内水流三维运动的难度与复杂程度,也说明了其具有重要的理论价值。在理论研究方面,早在 1870 年,汤姆逊就在实验室中发现了弯道中的水流流动同时存在着纵向流动和横向流动,并给出了正确的物理解释;1933 年,马卡维耶夫根据雷诺方程推导出了轴对称流的运动方程以后,诸多学者根据不同的纵向流速分布公式、边界条件以及连续条件得出了环流流速沿垂线的分布公式[14]。20 世纪 50 年代,罗索夫斯基开始系统地研究弯道中水流的运动规律,给出了弯道内水面横比降的计算公式,并撰写了世界上第一本关于弯道水流的书籍。1964 年,张定邦根据简化的冈恰洛夫流速对数分布公式求解出了弯道环流的流速分布,其结果与光滑床面的测量值吻合较好[14];张红武(1986)[15]也通过河弯的概化模型进行了弯道水流的试验研究,提出了形式简单且较为适用的公式,该公式不管是在光滑床面还是在粗糙床面均与实际的情况吻合较好。此外,张植堂(1984)[16]、王平义(1995)[17-18]、谈立勤(1992)[19]、王韦(1991)[20]、刘焕芳(1993)[21]、Yeh K. C.(1993)[22]、Odgaard(1986)[23]等学者根据相关理论,从弯道纵向垂线平均流速分布、弯道水流的二次环流结构、床面剪切力等角度对弯道水流的特性进行了研究。在数值模拟方面,随着计算机性能和数值解法的快速发展,数值模拟相对于物理模型试验表现出了成本低、耗时短和可重复性高等许多优点,可用于模拟弯道演变的数学模型也较多,取得了丰硕的成果。模拟弯道的数学模型具体包括了二维模型与三维模型,采用的数值方法包括了有限差分法、有限体积法以及有限元法。目前基于浅水方程的平面二维数学模型在实际中应用较广,并且已经大量应用到水利工程及环境工程等领域。在平面二维数值模拟方面,李大鸣等(2004)[24]采用了以水深为权重的质量集中有限单元法,弥补了二维计算中忽略弯道顺轴副流的缺点;刘玉玲等(2007)[25]考虑了弯道二次流对流线弯曲的复杂水力特性的影响,在曲线坐标系下对水深平均的平面二维浅水方程进行了修正,并用连续弯道模型试验的测量结果对计算结果进行了验证,验证结果表明其计算结果与模型试验的测量值相符合,模型具有较好的准确性与适用性。此外,方春明(2003)[26]也考虑了弯道环流的影响,建立了平面二维水流模型,对自然条件下的弯曲河流进行了准确的模拟。由于平面二维数学模型固有的局限性,在水流曲率较大、河道宽深比较小的情况下,平面二维数学模型难以准确描述弯道内水流复杂的运动。由于计算机性能的不断提升和紊流理论的不断发展,三维数值模拟也成了弯道水流运动研究的重要方法。与二维数学模型相比,三维的数学模型由于涉及紊流模型以及边界层的处理方法而更加复杂,其模拟的方法包括两大类:直接数值模拟与间接数值模拟。直接数值模拟求解瞬时的 N-S 方程,对控制方程没有任何简化,可以得到最为准确的结果。但该方法对计算机性能要求极高,内存开销也极大,所以该方法还处于不断的探索之中,在实际工程上应用不多。近年来,以 SIMPLE 算法与 κ-ε 紊流模型相结合的技术发展已经相对成熟,在弯道的三维数值模拟方面也取得了丰硕的成果。华祖林(2000)[27]针对弯道的三维水流特性,采用了正交曲线网格来拟合自然条件下的弯曲河道,并采用了 κ-ε 紊流模型以反映弯道内局部范围内的水流运动状况。该模型对近 90°的急弯段水流进行了计算,计算值与实测值总体吻合较好,基本呈现出了弯道内部的三维流场;吴修广等(2005)[28]考虑到弯道内由于螺旋流的存在,水面沿程变化较大,他采用"改进的刚盖假定"来处理弯道内自由水面的变化,相对于早期数值模拟中常用的静压假定,该方法能够有效缩小强弯河道中计算结果与实际值的偏差。此外,王博(2008)[29]、许栋(2011)[30]和 Shao(2004)[31]、魏文礼(2017)[32]等学者也均使用了 κ-ε 紊流模型对弯道水流进行了模拟。

　　分汊河道的边界多变,与不分汊的河道相比,其河道地形、断面形态、水沙运动特性均有较大的变化。严以新等(2003)[33]运用河相关系研究中的最小水流能耗率假说,研究了分汊河流的河相关系,最终得到了冲积河流支汊在自由发展或者受制状况下的河流各水力几何要素和水动力要素之间的函数关系式。尤联元(1984)[34]以长江中下游城陵矶—江阴段的分汊型河道为研究对象,根据多年实测的地质、地形、来水来沙以及相应的历史资料,得出了分汊型河道形成的两个必要条件:一是在河道的江心出现泥沙的堆积体,二是江心的泥沙堆积体要取得相对的稳定。要达到这两个必要条件,必须有合适的地质地貌条件、河床边界条件以及水文泥沙资料的相互配合。丁君松(1981,1982)[35-36]对分汊河道的形态特征和水沙运动规律进行过深入研究,取得了丰富的研究成果。他通过简化假设与理论分析提出了分汊河道分流比和分沙比的计算公式,并对公式进行了验证。分汊型河道由于江心洲的存在,水流才会发生分汊的现象,所以江心洲是塑造河流分汊的最重要的因素,其冲淤变化与稳定性与否关系到整个分汊河段的平面形态和水沙输运的特点。Li(2014)[37]通过单个卵石沙洲的淤积和冲刷试验,揭示了在上游不同来水来沙条件下河心沙洲的淤积和冲刷规律,并建立了简化的理论模型分析沙洲的淤积速度。Li结合最小阻力原理和河流动力学的基本原理,推导出了具有梯形断面的菱形沙洲沿程水头损失的表达式。余新明等(2007)[38]通过水槽试验,对分汊河道的整体水流结构以及底沙输移演化特征进行了研究。其研究结果表明,汊道的最大冲深出现在主汊分流口的下游,江心洲洲头与洲尾的局部区域内水流流速明显减小,洲尾左右两侧出现水流的高速流区,两侧中间会出现水流分离区,主支汊的分流比决定了底沙的输移强度。姚仕明等(2003)[39]研究了分汊河道水沙运动对河道演变的影响。他以实测资料为依据,基于理论分析得出了稳定分汊河段的水面纵比降大于单一的河段的结论,并基于平衡输沙原理,分析得出了分流分沙的变化对分汊河道冲淤影响的关系式。张为等(2008)[40]以沙市段分汊河道为例,基于对该河段实测资料的分析与平面二维水沙数学模型的计算结果,对三峡水利枢纽运行后长江中下游典型分汊浅滩河段的演变趋势进行了预测。朱玲玲等(2015)[41]也以沙市段分汊河道为研究对象,分析了该河段在三峡水利枢纽运行前后的演变特点,明确了水动力条件、来沙变化及洲滩相互作用对分汊河道河床演变的影响,并且提出了影响滩槽变化特征流量级的概念。徐程等(2016)[42]以丹江口水库大孤山的分汊河道为研究对象,采用实测资料与理论分析相结合的方法,对比研究了在上游建设库前后不同时段变动回水区分汊河道的冲淤调整规律。童朝峰(2005)[43]运用 SIMPLEC 算法建立了平面二维以及三维的水流数学模型,模拟了不同边界条件下的分汊口水动力结构,在网格剖分时对水流条件复杂的区域运用正交网格的待定函数生成法和水深权函数法进行局部加密。此外,国内外还有很多研究者诸如刘忠保(1992)[44],刘亚坤(1996)[45],余文畴(2006)[46],李克峰(1995)[47],Ramamurthy(1988)[48],Nakato(1990)[49],Alomari(2016, 2018)[50-51],Herrero(2015)[52],Xu(2016)[53],Mignot(2013)[54],Redolfi(2016)[55]等对分汊河道的水沙运动特点,河床演变规律以及与分汊河道有关的工程措施进行过详细的研究。

冲积河流河相关系也是河床演变学中重要的研究内容之一。如果把河流看作一个反馈系统,流域内的来水来沙条件是因,河流动态平衡状态下的水力几何形态则是果,河流水力几何形态的形成是一个与水沙输运条件相互适应的过程。河流经过长时间的自我调整,其水力几何形态与流域内的水沙条件以及河床边界之间会形成一个函数关系,这种关系就被称为"河相关系",我们所熟知的河相系数 $\xi = \sqrt{B}/H$ 只是众多河相关系中的一种,表 1.1 列举了一些常见河段的河相系数 ξ 的值。河相关系可以从河流的实测资料中统计得到,事实上,河相理论最初就是印度和巴基斯坦的水利工程师依据灌溉渠道的实测资料提出的。他们总结出了一些动床渠道的经验关系式,其中影响力比较大的是由 Lacey(1946)[56]提出的河相法。他把河相关系总结为三个经验公式:水流阻力公式、水面宽度公式以及水面比降公式。给定了河道上游的流量 Q 和床沙代表粒径 d,采用 Lacey 提出的三个公式可以求解得出河道的深度 H、水面宽度 B 以及水面比降 S。Blench(1957)[57],Simons 和 Albertson(1960)[58]等学者在 Lacey 的方法上也进行过改进,把原先的方法拓展至不同岸坡组成、不同床沙组成的情况,做出了许多开创性的贡献。

表 1.1 常见河段的河相系数

河流名称	河段及河型	河相系数 ξ
长江	荆江,蜿蜒型	2.23~4.45
黄河	高村以上,游荡型	19~32
黄河	高村至陶城埠,过渡型	8.6~12.4
汉江	马口以下,蜿蜒型	2

河相关系也可以借助一些理论方法或者假说来求得。前者的代表是"稳定性理论方法"或者"临界起动方法",后者的代表就是"极值假说方法"。稳定性理论方法起源于 Lane(2007)[59] 提出的起动平衡理论。该理论认为河道保持稳定的临界条件是河道过水断面上每个点的拖曳力均等于起动拖曳力,所以该方法的关键就在于确定河道过水断面上的剪切应力分布。Henderson 确定了起动平衡理论的适用范围是粒径大于 6.35 mm 的粗泥沙颗粒。由于河道边界切应力分布的求解比较困难,该理论还远未成熟,存在许多局限性。极值假说方法假设河流在受流域内来水来沙的影响而自动调整的过程中,代表河流属性的某个物理量或者某几个物理量最终会趋于一个极值,从而达到平衡或者动态平衡的状态。已经有许多极值假说被学者们提出,用来解释自然界中河流的自动调整现象。需要注意的是,用来研究河相问题的极值假说之所以被称为"假说",是因为迄今为止,其正确性没有在理论上得到严格的验证。在河相关系研究中几种常用的极值假说[60-65],如:最小水流能耗率假说、最大水流能耗率假说、最大输沙率假说、最大阻力系数假说、最小活动性假说、最大 Froude 数假说等,也易引起概念上混淆,从而使得人们对极值假说的正确性存有疑虑。

宋晓龙等(2019)[66] 区别于经典的河相关系研究方法,考虑由于气候等环境因素突变引起的水沙条件以及边界条件的不确定性对河道水力几何形态的影响,基于确定性方程建立了随机微分方程,研究出河相关系中典型的特征变量随时间变化的概率分布演化规律,并成功地应用于黄河下游高村—孙口段的河相关系随时间演化的概率分布动态演化过程,为河相关系的研究发展作出了重要贡献。另外,针对分汊河道,张玮(2019)[67],刘晓芳

(2012)[125],孙志林(2014,2019)[68-69]等学者也对其特殊的水力几何形态发展规律进行过深入的研究。

本书研究对象为下荆江河段的窑监段弯曲分汊河道,系统分析了该河段在三峡水利枢纽运行之后的新水沙特性。在此基础上,采用建立的平面二维水沙输运与河床变形数学模型对该河段进行了模拟计算,揭示了在水沙变异条件下该弯曲分汊河道的水沙运动特点以及河床演变规律,并对该河段的演变趋势进行了预测。本书的另一个研究重点是基于河相关系研究中常用的水流能耗率极值假说以及最小阻力原理,提出了一个全新的"最大流量模数"原理,并在数学上和应用上对该假说进行了论证,证实了该假说的正确性。最后本书应用最大流量模数原理对长江中下游弯曲分汊型河道在平衡状态下的水力几何形态与来水来沙条件之间的关系进行了较为详细的研究。

1.3 河型分类及弯曲分汊型河道的形态特征

河流是水流由陆地流向湖泊和海洋的通道,也是把沉积物由陆地搬运到海洋和湖泊的主要动力。在河流的搬运过程中伴随有沉积作用,从而形成了广泛的河流沉积[70]。河流可以依据不同的标准进行划分,如:根据河流的发育时期,可以将河流分为幼年期、壮年期以及老年期;根据河流的主要输沙形式,可以将河流分为推移质型、悬移质型以及混合型;根据河流与区域构造的成因联系和空间分布关系,可以将河流分为顺向河、逆向河、先成河、后成河以及叠置河;根据河流的动态特性,可以将河流分为蜿蜒型、游荡型、摆动型等;根据河流的平面形态特征,可以将河流分为顺直型、弯曲型、分汊型等。

钱宁[71]把河型分为弯曲、顺直、分汊与游荡四类,该方法也是国内较为常用的河型划分方法。国外常用的有 Leopold[72] 与 Rust[73] 这两种河型划分方法。表 1.2 给出了国内外常用的几种河型分类方法,其中与每种河型对应的沉积相特征也进行了简要的说明,沉积相特征具体包括三个方面:河型特点、砂体类型以及漫滩类型。

表 1.2　河型分类的常用方法

研究者	河型分类			
	曲流河	顺直河	辫状河	
钱宁	(蜿蜒)弯曲	顺直和微弯曲	分汊的缓坡型辫状	游荡的陡坡型辫状
张海燕和 Lane	弯曲	顺直	缓坡辫状	陡坡辫状
Leopold	弯曲	顺直	辫状	
Rust	单河道曲流河	多河道网状河	稳定的单河道顺直河	游荡的多河道辫状河
河型特点	高弯度、单河道	稳定的低弯度多河道	低弯度、单河道	不稳定的浅的辫状河道
砂体类型	边滩	固定岛和天然堤明显、较稳定	边滩、心滩	心滩坝
漫滩类型	牛轭湖	宽阔的湿地	—	宽阔的辫状带

　　本书的研究对象是弯曲分汊型河道，按照平面形态特征可以分为顺直分汊型河道、微弯分汊型河道以及鹅头分汊型河道[110]，三种类型的河道平面形态如图 1.3 所示。

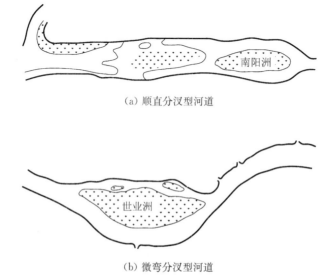

（a）顺直分汊型河道

（b）微弯分汊型河道

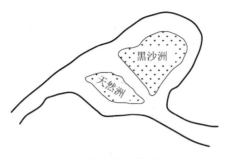

（c）鹅头分汊型河道

图 1.3　三种类型分汊河道平面形态示意图

顺直分汊型河道的左右两条汊道基本呈对称分布的特点。河道以及河道中的汊道均比较顺直，弯曲系数变化范围为 1.0～1.2。位于河心的江心洲可以有多个，且分布规则，上下排列；微弯分汊型河道有一条弯曲系数较大的汊道（1.2～1.5）。本书的研究对象——窑监河道，其左右两汊的弯曲系数均介于 1.2 与 1.5 之间，是典型的微弯分汊河道。弯曲分汊型河道大多数只有两个支汊，但是若河心存在两个江心洲，就会出现三股复式汊道的情况；鹅头型分汊型河道的河心大多存在多个江心洲，汊道也均是复式汊道，复式汊道中至少存在一条弯曲系数很大（>1.5）的汊道，导致整个河道在平面形态上呈鹅头的形状，弯曲程度很大。鹅头分汊型河道在长江中游很少见，只有在长江下游才能见到[12]。

描述河道分汊程度的指标有很多，如：分汊系数、河道的放宽率、分汊段长宽比以及江心洲长宽比等。分汊系数的定义为分汊河道各汊道的长度之和与分汊河道沿河谷方向的长度之比；河道放宽率的定义为汊道段的最大宽度（包含江心洲）与汊道上游单一的宽度之比；分汊段长宽比的定义为汊道段的长度与汊道段最大宽度之比；江心洲长宽比的定义为江心洲长度与其最大宽度之比。上述指标中比较常用的是分汊系数。顺直分汊型河道、微弯分汊型河道、鹅头分汊型河道，其分汊系数依次增加。

1.4　本书主要工作

本书主要基于河流动力学、泥沙运动力学、河床演变学及计算水力学，通过实测资料分析、数值计算和理论分析等方法,对窑监河道以及长江中下游其他的典型弯曲分汊型河道的来水来沙条件变化规律、河床演变特征以及演变趋势、分汊河势的演变规律以及主支汊的易位规律等进行了系统的研究。研究目标是准确把握长江中下游典型弯曲分汊河道的河床演变过程,揭示水沙条件变异与分汊河势转换的互馈机理,补充水沙变异条件下长江中下游弯曲分汊河道整治技术的基础理论。本书的主要结构如下:

第一章,绪论。阐述了本书的研究意义及背景,并对国内外弯曲分汊型河道的研究进展以及对河相关系研究的概况进行了系统的总结。

第二章,平面二维水沙输运与河床变形数学模型。基于浅水方程以及非平衡泥沙输运理论,利用 Fortran 语言建立了平面二维水沙输运与河床变形数学模型。在水流计算方面,本书提出了一种考虑三角形计算单元的几何特点与分布特征的二阶空间重构新方法。该方法相比于传统的数值重构方法,计算稳定性更好,在不牺牲计算精度的前提下也能提高计算效率。在河床变形计算方面,本书基于泥沙质量守恒定律以及非黏性泥沙的物理性质提出了在非结构三角形网格上河床高程的校正方法。该方法考虑了床面坡度在重力作用下的重构过程,符合河床变形的实际情况,适用于床面冲淤变化幅度较大的情形。

第三章,水沙变异条件下典型弯曲分汊河道演变过程的模拟计算——以窑监河道为例。根据窑监段弯曲分汊河道的实测地形资料建立了该河段的平面二维数学模型,并对建立的数学模型进行了洪、中、枯三级流量下的水位、流速、两汊分流比验证以及一年半时间内的河床变形验证。考虑不同来水来沙条件对窑监河道的冲淤影响,分别采用了上游建库减沙工况以及清水冲刷条件下的极限工况对该河道进行了 20 年以及 10 年的河床变形预测计算。最后分析了窑监河道在不同来水来沙条件下河床变形规律,并对该河道的河床冲淤趋势进行了预测。

第四章,弯曲分汊河道的分汊河势演变规律研究。在对冲积河流河相关系研究中常用的极值假说进行了对比分析之后,找出了各种极值假说之间的相互关系,提出了一种新的极值假说——"最大流量模数"原理。该假说调解了不同水流能耗率极值假说之间长期存在的争议问题,因而具有易接受性和

普遍的适用性。最后运用最大流量模数原理对分汊河道的主支汊易位规律
进行了研究,提出了长江中下游弯曲分汊河道处于平衡状态时主支汊河势与
分流分沙比之间的函数关系式以及主支汊河势转换的临界水沙条件。该方
法能够反映长江中下游弯曲分汊河道河势的变化规律,并且具有较高的精
度,可以用来对长江中下游弯曲分汊河道的河势变化进行反演和长期的
预测。

　　第五章,结论与展望。系统地总结了本书研究工作的主要结论,并且指
出了本书的不够完善之处以及今后研究的重点。

2

平面二维水沙输运与
河床变形数学模型

　　自然条件下的水流与泥沙运动是一个复杂的物理现象与过程,几乎不可能找出其对应的解析解。实际上,在 20 世纪 70 年代以前,受制于计算机性能不足,水沙问题的数值解也很难求得,所以当时主要通过现场观测与物理模型试验这两种手段来解决实际的水沙输运问题。随着计算机性能的提高与数值解法的进步,数学模型逐渐发展与完善并且越来越广泛地被人们用来解决实际的工程问题。与数学模型相比,物理模型能够给人提供更加直观的结果,但是其时间和金钱成本相对较高。更重要的一点是,由于实际情况下的水沙输运以及河床变形过程很复杂,物理模型很难保证与原型之间绝对的相似性。此外,物模试验的实际环境与原型环境之间的差异,比如说温度差,也可能会导致测量结果出现偏差。相比之下,使用数学模型的时间与金钱成本相对较低,可重复性较高,并且能够在尺寸上与原型完全保持一致,不会出现物理模型中常见的尺寸变化问题。当然,在解决实际的工程问题时,现场观测与物理模型试验仍然是很重要的研究手段,二者与数学模型相互补充,都是研究水沙输运与河床变形问题的重要手段。与物理模型类似,数值模拟计算结果的可靠性与否也是取决于多方面的:控制方程以及边界条件在数学上描述水沙运动过程的合理性程度,控制方程的离散方式以及离散化之后求解的准确程度等,均会影响数值模拟的最终结果。此外,在计算过程当中为了封闭控制方程,需要根据实际情况选用合适的经验公式。可以预见的是,由于各种经验公式的推导过程当中使用的实测数据或者历史资料不相同,适用范围也不同,其合理性与否也会影响最终计算结果的准确程度。所以,在使用数学模型对实际的问题进行模拟计算之前,需要对其进行充分的参数率定与验证。

具体地,水沙数学模型依据不同的分类标准可以进行不同的划分。根据模型计算的维度,水沙数学模型可以分为一维、平面二维、垂向二维以及三维。实际的水沙输运往往是三维的情况,用三维模型进行计算也更加贴近实际情况。然而在现有的计算机计算能力下,求解完全的三维数学模型相对较为耗时。因此,通过对三维模型进行一定程度上的简化,比如对三维数学模型进行断面上的平均,水深上的平均,宽度上的平均,三维模型可以简化为更加常用的一维和二维模型。相较三维的水沙数学模型,一维或者二维的水沙数学模型不仅计算效率更高,其计算结果的精度往往也能满足工程上的需求。具体来说,一维水沙数学模型研究河道断面平均的水沙输运特性;垂向二维水沙数学模型研究宽度平均的垂向剖面上的水沙输运特性;平面二维水沙数学模型,又称水深平均的二维水沙数学模型,研究深度平均的水沙输运特性。一维水沙输运模型常被用来模拟长河段长时间内的水沙输运过程;三维的水沙数学模型常用来模拟具有明显三维特征的局部流场;二维水沙数学模型的应用范围介于这二者之间。

根据水流的状态,水沙数学模型可以被分为稳态、拟稳态、非稳态。稳态模型在水沙输运方程当中忽略了时间变化项。拟稳态模型常常用来模拟河段较长时间内的变化,但不能应用在强非恒定流的情形。非稳态模型的应用范围相对更广,不仅可以用在非恒定流的情形,也能模拟稳态和拟稳态的水沙输运过程。

根据泥沙输运的状态,水沙输运模型可以分为平衡输沙与非平衡输沙模型。平衡输沙模型假设实际的输沙率等于平衡状态下的水流挟沙能力。在自然条件下,绝对平衡的状态很少存在,平衡输沙假设是不符合实际情况的。非平衡输沙模型摒弃了局部平衡的假设,采用了泥沙输运方程来确定实际的输沙率。目前,非平衡输沙模型在工程上的应用范围也越来越广泛。

根据泥沙的尺寸分类,水沙数学模型可以是均匀沙输运模型或者非均匀沙输运模型。均匀沙输运模型用一代表粒径泥沙代表所有泥沙颗粒,而非均匀沙模型把整个泥沙颗粒混合物分为不同粒径组,研究各粒径组泥沙的输运规律。由于天然河流中的泥沙都是非均匀的,非均匀沙输运模型更加符合实际情况。

根据泥沙的输运模式,水沙输运模型可以分为推移质输运模型,悬移质输运模型以及全沙输运模型。随着水流运动的所有泥沙被称作全沙,全沙根据泥沙的输运模式又可以分为推移质以及悬移质;也可以根据泥沙的来源分为造床质以及冲泻质。

下文基于浅水方程与非平衡输沙模型建立了平面二维水沙输运模型,分别计算悬移质与推移质的实际输沙率,并对该模型进行了较为全面的水动力和河床变形验证。

2.1 水动力方程

水动力控制方程可以分为连续方程与动量方程,表达式如下:

$$\frac{\partial u_x}{\partial x} + \frac{\partial u_y}{\partial y} + \frac{\partial u_z}{\partial z} = 0 \tag{2-1}$$

$$\frac{\partial u_x}{\partial t} + \frac{\partial (u_x^2)}{\partial x} + \frac{\partial (u_x u_y)}{\partial y} + \frac{\partial (u_x u_z)}{\partial z}$$
$$= \frac{1}{\rho} F_x - \frac{1}{\rho} \frac{\partial p}{\partial x} + \frac{1}{\rho} \frac{\partial \tau_{xx}}{\partial x} + \frac{1}{\rho} \frac{\partial \tau_{xy}}{\partial y} + \frac{1}{\rho} \frac{\partial \tau_{xz}}{\partial z} \tag{2-2}$$

$$\frac{\partial u_y}{\partial t} + \frac{\partial (u_y u_x)}{\partial x} + \frac{\partial (u_y^2)}{\partial y} + \frac{\partial (u_y u_z)}{\partial z}$$
$$= \frac{1}{\rho} F_y - \frac{1}{\rho} \frac{\partial p}{\partial y} + \frac{1}{\rho} \frac{\partial \tau_{yx}}{\partial x} + \frac{1}{\rho} \frac{\partial \tau_{yy}}{\partial y} + \frac{1}{\rho} \frac{\partial \tau_{yz}}{\partial z} \tag{2-3}$$

$$\frac{\partial u_z}{\partial t} + \frac{\partial (u_z u_x)}{\partial x} + \frac{\partial (u_z u_y)}{\partial y} + \frac{\partial (u_z^2)}{\partial z}$$
$$= \frac{1}{\rho} F_z - \frac{1}{\rho} \frac{\partial p}{\partial z} + \frac{1}{\rho} \frac{\partial \tau_{zx}}{\partial x} + \frac{1}{\rho} \frac{\partial \tau_{zy}}{\partial y} + \frac{1}{\rho} \frac{\partial \tau_{zz}}{\partial z} \tag{2-4}$$

其中,x,y以及z分别表示水平方向以及垂直方向的坐标系;u_x,u_y,u_z分别是水流时均速度在x,y,z三个方向的分量;$\tau_{ij}(i,j=1,2,3)$为应力张量的分量(考虑了分子黏性和紊动的影响);F_x,F_y,F_z 为外界合力在 x,y,z 三个方向的分量。在只考虑重力作用的情况下,$F_x=F_y=0$,$F_z=-\rho g$。

为了得到平面二维的水动力控制方程,先定义三维变量 φ 的水深平均值 Φ:

$$\Phi=\frac{1}{h}\int_{z_b}^{z_s}\varphi\mathrm{d}z \tag{2-5}$$

把水流连续方程沿水深方向进行积分如下:

$$\int_{z_b}^{z_s}\frac{\partial u_x}{\partial x}\mathrm{d}z+\int_{z_b}^{z_s}\frac{\partial u_y}{\partial y}\mathrm{d}z+\int_{z_b}^{z_s}\frac{\partial u_z}{\partial z}\mathrm{d}z=0 \tag{2-6}$$

把上述积分方程展开并代入床面与水面处的边界条件:

$$u_{bx}=u_{by}=u_{bz}=0 \tag{2-7}$$

$$\frac{\partial z_s}{\partial t}+u_{hx}\frac{\partial z_s}{\partial x}+u_{hy}\frac{\partial z_s}{\partial y}=u_{hz} \tag{2-8}$$

最终,水深平均的水流连续方程可以表示为如下形式:

$$\frac{\partial h}{\partial t}+\frac{\partial(hU_x)}{\partial x}+\frac{\partial(hU_y)}{\partial y}=0 \tag{2-9}$$

上式中,U_x 和 U_y 为 u_x 和 u_y 的水深平均值,由式(2-5)计算得出。

对于浅水缓变流,垂向动量方程中的惯性项和扩散项可以忽略不计,垂向的动量方程简化为如下形式:

$$\frac{\partial p}{\partial z}=-\rho g \tag{2-10}$$

上式等价于静压方程:

$$p=pa+\rho g(z_s-z) \tag{2-11}$$

把式(2-11)代入水平方向的动量方程,x 与 y 方向的动量方程可以简化为:

$$\frac{\partial u_x}{\partial t}+\frac{\partial(u_x^2)}{\partial x}+\frac{\partial(u_xu_y)}{\partial y}+\frac{\partial(u_xu_z)}{\partial z}=-g\frac{\partial z_s}{\partial x}+\frac{1}{\rho}\frac{\partial\tau_{xx}}{\partial x}+\frac{1}{\rho}\frac{\partial\tau_{xy}}{\partial y}+\frac{1}{\rho}\frac{\partial\tau_{xz}}{\partial z} \tag{2-12}$$

$$\frac{\partial u_y}{\partial t} + \frac{\partial(u_y u_x)}{\partial x} + \frac{\partial(u_y^2)}{\partial y} + \frac{\partial(u_y u_z)}{\partial z} = -g\frac{\partial z_s}{\partial y} + \frac{1}{\rho}\frac{\partial \tau_{yx}}{\partial x} + \frac{1}{\rho}\frac{\partial \tau_{yy}}{\partial y} + \frac{1}{\rho}\frac{\partial \tau_{yz}}{\partial z}$$

$$(2-13)$$

把 x 方向的动量方程在水深上进行积分：

$$\int_{z_b}^{z_s}\frac{\partial u_x}{\partial t}\mathrm{d}z + \int_{z_b}^{z_s}\frac{\partial(u_x^2)}{\partial x}\mathrm{d}z + \int_{z_b}^{z_s}\frac{\partial(u_x u_y)}{\partial y}\mathrm{d}z + \int_{z_b}^{z_s}\frac{\partial(u_x u_z)}{\partial z}\mathrm{d}z$$

$$= -g\int_{z_b}^{z_s}\frac{\partial z_s}{\partial x}\mathrm{d}z + \frac{1}{\rho}\int_{z_b}^{z_s}\frac{\partial \tau_{xx}}{\partial x}\mathrm{d}z + \frac{1}{\rho}\int_{z_b}^{z_s}\frac{\partial \tau_{xy}}{\partial y}\mathrm{d}z + \frac{1}{\rho}\int_{z_b}^{z_s}\frac{\partial \tau_{xz}}{\partial z}\mathrm{d}z \quad (2-14)$$

将上述积分方程展开并代入床面与水面处的边界条件式（2-7）、式（2-8），水深平均的 x 方向动量方程可以表示为：

$$\frac{\partial(hU_x)}{\partial t} + \frac{\partial(hU_x^2)}{\partial x} + \frac{\partial(hU_x U_y)}{\partial y}$$

$$= -gh\frac{\partial z_s}{\partial x} + \frac{1}{\rho}\frac{\partial}{\partial x}[h(T_{xx} + D_{xx})] + \frac{1}{\rho}\frac{\partial}{\partial y}[h(T_{xy} + D_{xy})] + \frac{1}{\rho}(\tau_{sx} - \tau_{bx})$$

$$(2-15)$$

类似地，水深平均的 y 方向动量方程可以表示为：

$$\frac{\partial(hU_y)}{\partial t} + \frac{\partial(hU_y U_x)}{\partial x} + \frac{\partial(hU_y^2)}{\partial y}$$

$$= -gh\frac{\partial z_s}{\partial y} + \frac{1}{\rho}\frac{\partial}{\partial x}[h(T_{yx} + D_{yx})] + \frac{1}{\rho}\frac{\partial}{\partial y}[h(T_{yy} + D_{yy})] + \frac{1}{\rho}(\tau_{sy} - \tau_{by})$$

$$(2-16)$$

上式中，$T_{ij}(i,j=1,2)$ 为水深平均的应力张量分量；$D_{ij}(i,j=1,2)$ 为由于垂向流速不均匀分布导致的动量耗散项；τ_s 与 τ_b 分别表示水面的风应力项以及床面的切应力项。

2.2 泥沙输运方程

由于推移质与悬移质在输运过程中的表现截然不同，含沙水体沿着垂向可以分为两个输沙区域,即:推移质输运区域($z_b \sim z_b + h_b$)以及悬移质输运区域($z_b + h_b \sim z_s$),如图 2.1 所示。

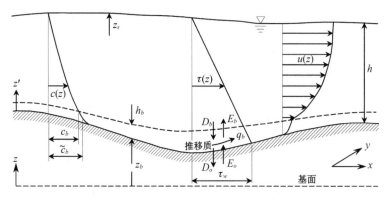

图 2.1 泥沙输运示意图

泥沙的输运满足质量守恒方程:

$$\frac{\partial c}{\partial t} + \frac{\partial (cu_x)}{\partial x} + \frac{\partial (cu_y)}{\partial y} + \frac{\partial (cu_z)}{\partial z} = 0 \tag{2-17}$$

上式中,c 表示水体含沙量。

引入泥沙扩散模型假设[76],并对上述方程进行时间平均,上述方程可以转化为:

$$\frac{\partial c}{\partial t} + \frac{\partial (cu_x)}{\partial x} + \frac{\partial (cu_y)}{\partial y} + \frac{\partial (cu_z)}{\partial z}$$

$$= \frac{\partial (c\omega_s)}{\partial z} + \frac{\partial}{\partial x}\left(\varepsilon_s \frac{\partial c}{\partial x}\right) + \frac{\partial}{\partial y}\left(\varepsilon_s \frac{\partial c}{\partial y}\right) + \frac{\partial}{\partial z}\left(\varepsilon_s \frac{\partial c}{\partial x}z\right) \tag{2-18}$$

上式中,ε_s 为泥沙颗粒在水体中的紊动扩散系数。

把泥沙输运方程(2-18)在悬移质输运区域内进行积分:

$$\int_{z_b+h_b}^{z_s} \frac{\partial c}{\partial t}dz + \int_{z_b+h_b}^{z_s} \frac{\partial (cu_x)}{\partial x}dz + \int_{z_b+h_b}^{z_s} \frac{\partial (cu_y)}{\partial y}dz + \int_{z_b+h_b}^{z_s} \frac{\partial (cu_z)}{\partial z}dz$$

$$= \int_{z_b+h_b}^{z_s} \frac{\partial (c\omega_s)}{\partial z}dz + \int_{z_b+h_b}^{z_s} \frac{\partial}{\partial x}\left(\varepsilon_s \frac{\partial c}{\partial x}\right)dz + \int_{z_b+h_b}^{z_s} \frac{\partial}{\partial y}\left(\varepsilon_s \frac{\partial c}{\partial y}\right)dz$$

$$+ \int_{z_b+h_b}^{z_s} \frac{\partial}{\partial z}\left(\varepsilon_s \frac{\partial c}{\partial x}z\right)dz \tag{2-19}$$

应用水面处的泥沙边界条件以及悬移质输运层与推移质输运层交界面处的泥沙垂向通量不平衡边界条件：

$$\varepsilon_s \frac{\partial c}{\partial z} + c\omega_s = 0 \tag{2-20}$$

$$-\varepsilon_s \frac{\partial c}{\partial z} = c_{b*} \omega_s \tag{2-21}$$

水深平均的悬移质输运方程可以表示为：

$$\frac{\partial}{\partial t}(hC) + \frac{\partial}{\partial x}(hU_xC) + \frac{\partial}{\partial y}(hU_yC) = \frac{\partial}{\partial x}\left(h\varepsilon_s \frac{\partial C}{\partial x}\right) + \frac{\partial}{\partial y}\left(h\varepsilon_s \frac{\partial C}{\partial y}\right) + E_b - D_b \tag{2-22}$$

上式中，C 为水深平均的悬移质浓度；E_b 与 D_b 分别为悬移质输运层与推移质输运层交界面处的泥沙挟带通量与沉降通量，计算公式如下：

$$E_b = c_{b*}\omega_s, \quad D_b = c_b\omega_s \tag{2-23}$$

上式中，ω_s 为泥沙颗粒在静止水体中的沉降速度；c_b 与 c_{b*} 分别为近床面悬移质的实际含沙量与平衡含沙量。

把泥沙输运方程（2-18）在推移质输运区域进行积分并展开，可以得到水深平均的推移质输运公式：

$$(1-p'_m)\frac{\partial z_b}{\partial t} + \frac{\partial}{\partial t}\left(\frac{q_b}{u_b}\right) + \frac{\partial q_{bx}}{\partial x} + \frac{\partial q_{by}}{\partial y} = D_b - E_b \tag{2-24}$$

上式中，p'_m 为床面的床沙孔隙率；q_{bx} 以及 q_{by} 分别是推移质输沙率 q_b 在 x 与 y 方向的分量。

2.3 河床变形方程

推移质与悬移质的划分采用 Rouse 悬移指标 $r = \omega_s/(\kappa U_*)$，当 $r < 5.0$ 时为悬移质；当 $r \geqslant 5.0$ 时为推移质。

泥沙输运以推移质为主体时河床的变形方程为：

$$(1 - p'_m) \frac{\partial z_b}{\partial t} = \frac{1}{L}(q_b - q_{b*}) \tag{2-25}$$

泥沙输运以悬移质为主体时河床的变形方程为：

$$(1 - p'_m) \frac{\partial z_b}{\partial t} = D_b - E_b \tag{2-26}$$

对于更一般的情况,河床的变形方程为：

$$(1 - p'_m) \frac{\partial z_b}{\partial t} = D_b - E_b + \frac{1}{L}(q_b - q_{b*})$$
$$= \alpha \omega_s (C - C_*) + \frac{1}{L}(q_b - q_{b*}) \tag{2-27}$$

上式中,α 为悬移质不平衡输运的调整系数；L 为推移质不平衡输运的调整长度。

把河床变形方程(2-27)代入推移质输运方程(2-24),推移质输运方程可以简化为如下形式：

$$\frac{1}{L}(q_b - q_{b*}) + \frac{\partial}{\partial t}\left(\frac{q_b}{u_b}\right) + \frac{\partial q_{bx}}{\partial x} + \frac{\partial q_{by}}{\partial y} = 0 \tag{2-28}$$

2.4 非均匀沙的处理

2.4.1 非均匀沙输运方程与河床变形方程

自然条件下河流中的泥沙往往是非均匀的,不同粒径的泥沙颗粒之间相互碰撞,相互影响,床面上的泥沙颗粒由于粒径的非均匀分布也会受到荫暴作用的影响,细颗粒的泥沙往往趋向于隐藏,而粗颗粒的泥沙往往趋向于暴露。在水体含沙浓度较低的情况下,可以假定在水体中运动着的泥沙颗粒之间的相互作用忽略不计,每个组分泥沙颗粒的运动规律可以用均匀沙的输运公式来进行描述。

假设非均匀的泥沙颗粒混合物按照粒径的大小分为 N 个组分,则每个

组分的泥沙在水体中的运动规律可以用均匀沙的悬移质输运方程来描述,即:

$$\frac{\partial}{\partial t}(hC_k) + \frac{\partial}{\partial x}(hU_xC_k) + \frac{\partial}{\partial y}(hU_yC_k)$$

$$= \frac{\partial}{\partial x}\left(h\varepsilon_s \frac{\partial C_k}{\partial x}\right) + \frac{\partial}{\partial y}\left(h\varepsilon_s \frac{\partial C_k}{\partial y}\right) + E_{bk} - D_{bk} \tag{2-29}$$

上式中,下标 k 表示第 k 组分的泥沙,且有:

$$E_{bk} - D_{bk} = \alpha\omega_{sk}(C_{*k} - C_k) \tag{2-30}$$

上式中,ω_{sk} 表示第 k 组分的泥沙颗粒在静止水体中的沉降速度。

类似地,每个组分的推移质输运公式表达如下:

$$\frac{1}{L}(q_{bk} - q_{b*k}) + \frac{\partial}{\partial t}\left(\frac{q_{bk}}{u_{bk}}\right) + \frac{\partial q_{bkx}}{\partial x} + \frac{\partial q_{bky}}{\partial y} = 0 \tag{2-31}$$

把上述的悬移质输运方程与推移质输运方程求和,并忽略泥沙质量随时间的变化项,可以得到新的河床变形方程:

$$(1 - p'_m)\left(\frac{\partial z_b}{\partial t}\right)_k + \frac{\partial q_{tkx}}{\partial x} + \frac{\partial q_{tky}}{\partial y} = 0 \tag{2-32}$$

上式中,q_{tkx} 与 q_{tky} 分别是第 k 组分泥沙的总输沙率在 x 与 y 两个方向的分量。

河床变形可以表示为与各组分泥沙所对应的河床变形之和:

$$\frac{\partial z_b}{\partial t} = \sum_1^N \left(\frac{\partial z_b}{\partial t}\right)_k \tag{2-33}$$

2.4.2　床沙的级配方程

河床上的床沙级配由于沉积作用在垂向会发生变化,其级配分布会区别于最初的非均匀沙混合物,活动层模型[77]是计算床沙级配变化的一种常用方法。活动层定义在河床表面,其中的泥沙颗粒与水体中的泥沙颗粒发生交换,即活动层中的泥沙颗粒可能被水流挟带到水体中,水体中的泥沙颗粒也可能在活动层中落淤。活动层的下界面在河床冲刷过程中不断下切河床从而对活动层中的泥沙进行补给。活动层内部的级配变化计算公式为:

$$\frac{\partial (E_m p_{bk})}{\partial t} = \left(\frac{\partial z_b}{\partial t}\right)_k - \left[\theta p_{bk} + (1-\theta) p_{b0k}\right]\left(\frac{\partial z_b}{\partial t} - \frac{\partial E_m}{\partial t}\right) \quad (2\text{-}34)$$

上式中，E_m 为活动层厚度；p_{bk} 为活动层内第 k 组床沙的级配；p_{b0k} 为活动层下方床沙的第 k 组级配。等号左端表示活动层内第 k 组泥沙质量的变化率；等号右端第一项为活动层上界面与水体中泥沙交换产生的第 k 组泥沙的质量通量；等号右端第二项表示活动层下界面与活动层下方泥沙交换产生的第 k 组泥沙的质量通量。θ 的值为 0 时，表示活动层下边界下切；θ 的值为 1 时，表示活动层下边界上移。θ 的计算公式为：

$$\theta = \begin{cases} 0 & \text{若 } \partial z_b/\partial t - \partial E_m/\partial t < 0 \\ 1 & \text{若 } \partial z_b/\partial t - \partial E_m/\partial t \geqslant 0 \end{cases} \quad (2\text{-}35)$$

2.5 水流挟沙力

2.5.1 推移质输沙率

推移质输沙率的计算公式有很多，且均以半经验的或经验的公式为主。这不仅是因为泥沙输运过程的复杂性，人们对其运动规律的理解还不够透彻，无法通过纯理论的方法来计算；也由于泥沙测量的仪器与方法不够精细，无法保证测量数据的绝对准确性，所以目前的推移质输沙率公式都是在恒定均匀流的条件下采用物模试验的测量数据或者原型观测资料率定得到的。根据交通运输部最新发布的《水运工程模拟试验技术规范》(JTS/T 231—2021)，其推荐的计算公式多达 13 种，在计算过程中，选用何种公式需要根据实际情况来决定。

根据研究的出发点和方法，推移质输沙率的计算公式大致可以分为四类：

(1) 以试验为基础——Meyer-Peter 公式[78]：

$$g_b = 8\gamma_s d \sqrt{\frac{\gamma_s - \gamma}{\gamma} g d_m} \left[\left(\frac{n'}{n}\right)^{3/2} \Theta - \Theta_c\right]^{3/2} \quad (2\text{-}36)$$

上式中，g_b 是以重量计的推移质单宽输沙率（N·m^{-1}·s^{-1}）；γ_s 与 γ 分别为泥沙颗粒与水的容重；d_m 为床沙的算术平均粒径；n 为床面的曼宁糙率系数；n' 为与沙粒阻力对应的曼宁糙率系数，计算公式为 $n' = d_{90}^{1/6}/26$；Θ 为 Shields 数，计算公式为 $\Theta = \gamma HS/[(\gamma_s - \gamma)d]$，$H$ 为水深，S 为水面比降；Θ_c 为临界 Shields 数。

Meyer-Petter 公式在推导过程当中采用的试验资料范围较广，精度也较高，在粗沙及卵石河床上应用时，较其他公式把握性更大。但其试验中所采用的水流条件使得床面的泥沙极大部分都处于运动状态。在我国山区河流，如洪水不是很大，床面相当部分的粗颗粒处于静止状态，这时采用 Meyer-Peter 公式计算会导致结果偏大。

（2）以力学分析为基础——Bagnold 公式[79]：

$$g_b = \frac{\gamma_s}{\gamma_s - \gamma} \frac{U_* - U_{*c}}{U_*} \left(\frac{1}{gd^3}\right)^{1/2} \frac{\tau_0 U}{\tan\alpha} \cdot \left[1 - \left[5.75 U_* \lg\left(\frac{0.4H}{md}\right) + \omega_s\right]/U\right]$$

$$(2-37)$$

上式中，U_* 为摩阻流速，τ_0 为床面剪切应力，且 $\tau_0 = \rho U_*^2$；U_{*c} 为对应于床沙起动时摩阻流速；$\tan\alpha$ 为阻力系数，一般取为 0.63；md 为推移质运动的平均高度，且 $m = 1.4(U_*/U_{*c})^{0.6}$；$\omega_s$ 为泥沙沉降速度；U 为平均流速。

Bagnold 公式里采用了平均流速 U 作为参数，而推移质的输运强度主要取决于床面附近的流态而不是平均流速，平均流速与床面附近水流流速的变化并没有一致性。所以采用该公式进行天然河流的推移质输沙率计算时必须进行水深上的校正。

（3）以概率论及力学分析相结合的方法——Einstein 公式[80]：

$$1 - \frac{1}{\sqrt{\pi}} \int_{-0.143\psi-2}^{0.143\psi-2} e^{-t^2} dt = \frac{43.5\varphi}{1 + 43.5\varphi} \qquad (2-38)$$

上式中，ψ 表示水流参数，计算公式为 $\psi = \frac{\gamma_s - \gamma}{\gamma} \frac{d}{R_b'S}$，$R'$ 为与沙粒阻力对应的水力半径；φ 表示推移质输沙强度参数，计算公式为

$$\varphi = \frac{g_b}{\gamma_s} \left(\frac{\gamma}{\gamma_s - \gamma}\right)^{1/2} \left(\frac{1}{gd^3}\right)^{1/2}。$$

（4）以 Einstein 或者 Bagnold 的概念为基础，辅以量纲分析、实测资料适线等方法——Engelund 公式[81]、Yalin 公式[82]等：

Engelund 公式：

$$g_b = 11.6\gamma_s d \sqrt{\frac{\gamma_s - \gamma}{\gamma} gd} \, (\Theta - \Theta_c)(\sqrt{\theta} - 0.7\sqrt{\theta_c}) \tag{2-39}$$

Yalin 公式：

$$g_b = 0.635\gamma_s sdU_* \left[1 - \frac{1}{as}\ln(1+as) \right] \tag{2-40}$$

上式中 s 和 a 的计算公式分别是 $s = (\Theta - \Theta_c)/\Theta_c$，$a = 2.45(\gamma_s/\gamma)^{0.4}\sqrt{\Theta_c}$。

均匀沙输运规律的研究已趋于成熟和完善，然而天然河流中的泥沙却几乎均为非均匀沙。在床沙非均匀且级配较宽的情况下，大小泥沙颗粒之间的荫暴作用相当复杂，导致其与均匀沙的输运规律也有所不同。在计算非均匀沙推移质输沙率时一般有两种处理方法：一是选用合适的代表粒径 d 来计算推移质输沙率，二是分组计算各个组分泥沙的推移质量输沙率，然后求和。

对于方法一中代表粒径 d 的选取，不同的学者之间还存在着一些分歧，Einstein 根据一些实测资料与试验量测数据，建议代表粒径取 d_{35}；Meyer-Peter 认为代表粒径 d 取为各组分粒径的加权平均值。

对于非均匀沙中各组分的推移质输沙率的研究起始于 Einstein，随后 Ashida(1972)[83]，Bridge(1992)[84]等学者也提出了各自的计算公式。Wu (2000)[85]把推移质输运与无量纲的床面富余剪切应力相结合，并引入了非均匀沙的荫暴校正系数 η_k，提出了适用于非均匀沙推移质平衡输沙率计算公式。该公式的参数率定使用了范围很广的水流和泥沙级配数据，流量的最大值为 2 800 m³/s，泥沙的尺寸变化范围为 0.062~128 mm，符合宽级配泥沙输运的计算要求。

首先定义一个无量纲的推移质输沙率变量 Φ_{bk}：

$$\Phi_{bk} = \frac{q_{b*k}}{p_{bk}\sqrt{(\gamma_s/\gamma - 1)gd_k^3}} \tag{2-41}$$

上式中，q_{b*k} 为第 k 组分泥沙的推移质挟沙能力；γ_s 与 γ 分别是泥沙与水的容重。

Φ_{bk} 的计算公式为：

$$\Phi_{bk} = 0.005\,3\big[(n'/n)^{3/2}(\tau_b/\tau_{ck}) - 1\big]^{2.2} \qquad (2\text{-}42)$$

上式中，n 为床面的曼宁糙率系数；n' 为与沙粒阻力相关的曼宁糙率系数；τ_b 为床面的剪切应力；τ_{ck} 为粒径为 d_k 的泥沙颗粒起动的临界剪切应力。具体计算公式分别如下：

$$n' = d_{50}^{1/6}/20 \qquad (2\text{-}43)$$

$$\tau_b = \gamma R_b S \qquad (2\text{-}44)$$

$$\Theta_{ck} = \frac{\tau_{ck}}{(\gamma_s - \gamma)d_k} = \eta_k \Theta_c \qquad (2\text{-}45)$$

以上三式中，R_b 为河道的水力半径；S 为水面比降；Θ_{ck} 为粒径为 d_k 的泥沙颗粒起动的临界 Shields 数；Θ_c 为临界 Shields 数；η_k 为非均匀泥沙的荫暴校正系数，计算公式如下：

$$\eta_k = \left(\frac{p_{ek}}{p_{hk}}\right)^{-m} \qquad (2\text{-}46)$$

其中，m 为经验参数，一般取为 0.6；p_{ek} 和 p_{hk} 分别是粒径为 d_k 的泥沙颗粒的暴露与隐藏系数，二者满足 $p_{ek} + p_{hk} = 1$，计算公式分别如下：

$$p_{ek} = \sum_{j=1}^{N} p_{bj} \frac{d_k}{d_k + d_j} \qquad (2\text{-}47)$$

$$p_{hk} = \sum_{j=1}^{N} p_{bj} \frac{d_j}{d_k + d_j} \qquad (2\text{-}48)$$

其中，d_j 是第 j 组泥沙的粒径，其对应的组分含量为 p_{bj}。

2.5.2 悬移质挟沙力

国内外关于悬移质挟沙力的研究成果也比较多，Einstein 公式[80]与 Bagnold[79]公式是其中理论公式的典型代表。此外还有一些通过量纲分析得到的经验公式，比如，武汉水院公式[86]、沙玉清公式[87]、韩其为公式[88]等。

Wu(2000)[85]根据 Bagnold 的水流功率理论,把悬移质挟沙能力大小与支持悬移质输运的功率 $\tau_b U$ 与阻碍悬移质输运的功率 $\tau_c \omega_s$ 相结合并进行了量纲分析,提出了一个表征两个功率相对大小的无量纲数 $(\tau_b/\tau_{ck} - 1)U/\omega_{sk}$。最后利用物理模型试验数据和现场实测资料进行参数率定,提出了如下的非均匀沙悬移质挟沙能力的计算公式:

$$\Phi_{sk} = 0.000\,026\,2\left[(\tau_b/\tau_{ck} - 1) \cdot \sqrt{U_x^2 + U_y^2}/\omega_{sk}\right]^{1.74} \tag{2-49}$$

上式中,τ_b 为床面的剪切应力;τ_{ck} 为粒径为 d_k 的泥沙颗粒起动的临界剪切应力;ω_{sk} 为粒径为 d_k 的泥沙颗粒静水沉降速度;与推移质挟沙能力类似,Φ_{sk} 为无量纲的悬移质输沙率变量,计算公式如下:

$$\Phi_{sk} = q_{s*k}\big/\left[p_{bk}\sqrt{(\gamma_s/\gamma - 1)gd_k^3}\right] \tag{2-50}$$

上式中,q_{s*k} 为第 k 组分泥沙的悬移质挟沙能力;p_{bk} 为床沙级配。

2.6 控制方程的有限体积离散

平面二维水沙数学模型基于 Delaunay 型三角网格下的有限体积法离散控制方程。如图 2.2 所示,每个三角形单元形心处布设一个节点,单元内部物理量的值储存在该节点上,即采用格子中心式。

图 2.2 中,下标 i 表示三角单元 i;下标 j 表示与单元 i 共边的一个单元;T_i、T_j 分别是单元 i 与单元 j 的形心;e 为单元 i 与单元 j 的公共边;M_{ij} 为公共边 e

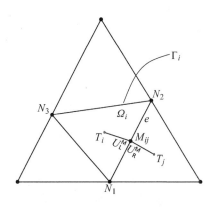

图 2.2 Delaunay 型三角网格示意图

的中点;N_1、N_2、N_3 分别是单元 i 逆时针方向的三个顶点;Ω_i 表示单元 i 的积分区域;Γ_i 为单元 i 的积分边界;U_L^M、U_R^M 分别是中点 M_{ij} 左右两侧物理量 U 的值。

2.6.1　水动力控制方程的离散

在浅水方程的假设下，忽略平面二维水动力方程右端的扩散项以及水体自由表面的应力项，把方程右端的水位分解为水深与河床高程之和，即：$z_s = z_b + h$。把 x 与 y 方向的水深梯度项 $-gh\partial h/\partial x$ 以及 $-gh\partial h/\partial y$ 与方程左端的动量通量项结合，平面二维水沙输运模型中的水动力控制方程可以用守恒变量表示为如下的向量形式：

$$\frac{\partial \boldsymbol{U}}{\partial t} + \frac{\partial \boldsymbol{E}}{\partial x} + \frac{\partial \boldsymbol{G}}{\partial y} = \boldsymbol{S} \tag{2-51}$$

上式中，$\boldsymbol{U}$ 表示守恒变量的向量；$\boldsymbol{E}$ 和 $\boldsymbol{G}$ 表示 x 以及 y 方向对流通量的向量，且有 $\boldsymbol{F} = (\boldsymbol{E}, \boldsymbol{G})^T$，表示对流通量的张量；$\boldsymbol{S}$ 为表示坡度源项 $\boldsymbol{S}_b$ 与摩阻源项 $\boldsymbol{S}_f$ 之和的向量，具体表达式如下（为表示方便，下文采用 u, v 分别表示水深平均的 U_x, U_y）：

$$\boldsymbol{U} = [h, hu, hv]^T \tag{2-52}$$

$$\boldsymbol{E} = [hu, hu^2 + gh^2/2, huv]^T \tag{2-53}$$

$$\boldsymbol{G} = [hv, huv, hv^2 + gh^2/2]^T \tag{2-54}$$

$$\boldsymbol{S} = \boldsymbol{S}_b + \boldsymbol{S}_f = [0, -gh\partial z_b/\partial x, -gh\partial z_b/\partial y]^T$$
$$+ [0, -C_f u\sqrt{u^2 + v^2}, -C_f v\sqrt{u^2 + v^2}]^T \tag{2-55}$$

上式中，C_f 为床面的糙率系数，计算公式如下：

$$C_f = gn^2/h^{1/3} \tag{2-56}$$

上式中，n 为床面的曼宁糙率系数。

上述浅水方程的通量雅可比矩阵为：

$$\boldsymbol{J}_n = \frac{\partial \boldsymbol{E}}{\partial \boldsymbol{U}} n_x + \frac{\partial \boldsymbol{G}}{\partial \boldsymbol{U}} n_y = \begin{bmatrix} 0 & nx & n_y \\ ghn_x - u(un_x + vn_y) & 2un_x + vn_y & un_y \\ ghn_y - v(un_x + vn_y) & vn_x & un_x + 2vn_y \end{bmatrix}$$

$$\tag{2-57}$$

上式中，n_x 和 n_y 分别表示单位向量在 x 与 y 方向的两个分量。

上述通量雅可比矩阵的特征结构为：

$$\boldsymbol{J}_n = \boldsymbol{R}_n \boldsymbol{\Lambda}_n \boldsymbol{L}_n \tag{2-58}$$

上式中，$\boldsymbol{R}_n$ 和 $\boldsymbol{L}_n$ 分别为通量雅可比矩阵 $\boldsymbol{J}_n$ 的右特征结构矩阵与左特征结构矩阵；$\boldsymbol{\Lambda}_n$ 为通量雅可比矩阵 $\boldsymbol{J}_n$ 的特征值的对角矩阵，表达式如下：

$$\boldsymbol{\Lambda}_n = \begin{bmatrix} \lambda_1 & 0 & 0 \\ 0 & \lambda_2 & 0 \\ 0 & 0 & \lambda_3 \end{bmatrix} \tag{2-59}$$

上式中，λ_1，λ_2，λ_3 分别表示通量雅可比矩阵的三个特征值，且有：

$$\lambda_1 = un_x + vn_y - \sqrt{gh}, \ \lambda_2 = un_x + vn_y, \ \lambda_3 = un_x + vn_y + \sqrt{gh} \tag{2-60}$$

显然，只要水深 h 的值大于 0，通量雅可比矩阵 $\boldsymbol{J}_n$ 对应的三个特征值均为实数且均不相等，浅水方程组为双曲型方程组。

将水动力控制方程(2-51)在单元 i 内积分：

$$\int_{\Omega_i} \frac{\partial \boldsymbol{U}}{\partial t} \mathrm{d}v + \int_{\Omega_i} \left(\frac{\partial \boldsymbol{E}}{\partial x} + \frac{\partial \boldsymbol{G}}{\partial y} \right) \mathrm{d}v = \int_{\Omega_i} \boldsymbol{S} \mathrm{d}v \tag{2-61}$$

对上述积分方程应用格林-高斯公式，离散为如下形式：

$$\frac{\boldsymbol{U}_i^{n+1} - \boldsymbol{U}_i^n}{\Delta t} A_i + \sum_{k=1}^{3} \boldsymbol{F}_k \boldsymbol{n}_k \ell_k = \int_{\Omega_i} \boldsymbol{S} \mathrm{d}v \tag{2-62}$$

整理上述半离散方程之后可以得到：

$$\boldsymbol{U}_i^{n+1} = \boldsymbol{U}_i^n + \left(-\sum_{k=1}^{3} \boldsymbol{F}_k \boldsymbol{n}_k \ell_k + \int_{\Omega_i} \boldsymbol{S} \mathrm{d}v \right) \frac{\Delta t}{A_i} \tag{2-63}$$

2.6.2　泥沙输运方程的离散

悬移质输运方程的表达式如下：

$$\frac{\partial}{\partial t}(hC_k) + \frac{\partial}{\partial x}(huC_k) + \frac{\partial}{\partial y}(hvC_k)$$

$$= \frac{\partial}{\partial x}\left(h\varepsilon_s\frac{\partial C_k}{\partial x}\right) + \frac{\partial}{\partial y}\left(h\varepsilon_s\frac{\partial C_k}{\partial y}\right) + \alpha w_{sk}(C_{*k} - C_k) \qquad (2\text{-}64)$$

令 $Q = hC_k$，则悬移质的输运方程可以改写为如下形式：

$$\frac{\partial Q}{\partial t} + \frac{\partial}{\partial x}(Qu) + \frac{\partial}{\partial y}(Qv) = \frac{\partial}{\partial x}\left(\varepsilon_s\frac{\partial Q}{\partial x}\right) + \frac{\partial}{\partial y}\left(\varepsilon_s\frac{\partial Q}{\partial y}\right) + \alpha w_{sk}(C_{*k} - C_k)$$

$$(2\text{-}65)$$

将上述方程在单元 i 内积分：

$$\int_{\Omega_i} \frac{\partial \boldsymbol{Q}}{\partial t}\mathrm{d}v + \int_{\Omega_i} \left[\frac{\partial}{\partial x}(Qu) + \frac{\partial}{\partial y}(Qv)\right]\mathrm{d}v$$

$$= \int_{\Omega_i}\left[\frac{\partial}{\partial x}\left(\varepsilon_s\frac{\partial \boldsymbol{Q}}{\partial x}\right) + \frac{\partial}{\partial y}\left(\varepsilon_s\frac{\partial \boldsymbol{Q}}{\partial y}\right)\right]\mathrm{d}v + \int_{\Omega_i}\alpha w_{sk}(C_{*k} - C_k)\mathrm{d}v \qquad (2\text{-}66)$$

应用格林-高斯公式把上述积分方程离散为如下形式：

$$\frac{Q_i^{n+1} - Q_i^{n+1}}{\Delta t}A_i + \beta_1\int_{\Gamma_i}\boldsymbol{Q}^{n+1}\boldsymbol{u}^n \cdot \boldsymbol{n}\mathrm{d}\ell + (1-\beta_1)\int_{\Gamma_i}\boldsymbol{Q}^n\boldsymbol{u}^n \cdot \boldsymbol{n}\mathrm{d}\ell$$

$$= \beta_2\varepsilon_s\int_{\Gamma_i}\nabla\boldsymbol{Q}^{n+1} \cdot \boldsymbol{n}\mathrm{d}\ell + (1-\beta_2)\varepsilon_s\int_{\Gamma_i}\nabla\boldsymbol{Q}^n \cdot \boldsymbol{n}\mathrm{d}\ell + \int_{\Omega_i}\alpha w_{sk}(C_{*k} - C_k)\mathrm{d}v$$

$$(2\text{-}67)$$

上式中，β_1 与 β_2 分别是悬沙浓度对流项与扩散项的隐式权重系数。

令 $Q^{n+1} = Q^n + \hat{Q}$，上述离散方程可以改写为如下形式：

$$\hat{Q}_i = -\frac{\Delta t}{A_i}\sum_{k=1}^{3}(\beta_1 C\hat{Q}_k - \beta_2 D\hat{Q}_k)\ell_k + \frac{\Delta t}{A_i}\sum_{k=1}^{3}(-CQ_k + DQ_k)\ell_k$$

$$+ \alpha w_{sk}(C_{*k} - C_k)\Delta t \qquad (2\text{-}68)$$

上式中，CQ_k 与 $C\hat{Q}_k$ 为对流通量项；DQ_k 与 $D\hat{Q}_k$ 为扩散通量项，计算公式分别为：

$$C\hat{Q}_k = \frac{1}{2}(u_k^n - |u_k^n|)\hat{Q}_j + \frac{1}{2}(u_k^n + |u_k^n|)\hat{Q}_i \qquad (2\text{-}69)$$

$$\hat{D}Q_k = \varepsilon_s \frac{\hat{Q}_j - \hat{Q}_i}{L_{ij}} \tag{2-70}$$

$$CQ_k = \frac{1}{2}(u_k^n - |u_k^n|)Q_j^n + \frac{1}{2}(u_k^n + |u_k^n|)Q_i^n \tag{2-71}$$

$$DQ_k = \varepsilon_s \frac{Q_j^n - Q_i^n}{L_{ij}} \tag{2-72}$$

其中，Q_i 与 Q_j 为定义在相邻单元 i 与 j 形心的泥沙质量通量；u_k 为单元 i 第 k 条边上的法向流速；L_{ij} 为单元 i 与 j 形心之间的距离。

忽略上述离散格式中的扩散通量项以及推移质输运速度与水流流速之间的差异，令 $C_{bk} = q_{bk}/h\sqrt{u^2 + v^2}$，则推移质输运方程也可以用类似的方式进行求解。

令 $Q_b = hC_{bk}$，$Q_b^{n+1} = Q_b^n + \hat{Q}_b$，则推移质输运方程的离散格式为：

$$\hat{Q}_{bi} = \frac{\Delta t}{A_i}\sum_{k=1}^{3}(-CQ_{bk})\ell_k + \frac{\Delta t}{A_i}\sum_{k=1}^{3}(-\beta_3 \cdot \hat{C}Q_{bk})\ell_k$$
$$+ \left[\frac{h}{L}\sqrt{u^2 + v^2}(C_{b*k} - C_{bk})\right]_i \Delta t \tag{2-73}$$

且有：

$$CQ_{bk} = (Q_b^n \boldsymbol{u}^n \cdot \boldsymbol{n})_k = \frac{1}{2}(u_k^n + |u_k^n|)Q_{bi}^n + \frac{1}{2}(u_k^n - |u_k^n|)Q_{bj}^n \tag{2-74}$$

$$\hat{C}Q_{bk} = (\hat{Q}_b \boldsymbol{u}^n \cdot \boldsymbol{n})_k = \frac{1}{2}(u_k^n + |u_k^n|)\hat{Q}_{bi}^n + \frac{1}{2}(u_k^n - |u_k^n|)\hat{Q}_{bj}^n \tag{2-75}$$

其中，β_3 表示底沙浓度对流项的隐式权重系数；CQ_{bk} 与 $\hat{C}Q_{bk}$ 为对流通量项；Q_{bi} 与 Q_{bj} 为定义在相邻单元 i 与 j 形心的泥沙质量通量。

最终，第 k 组分泥沙对应的总输沙率计算公式为：

$$q_{tk} = q_{bk} + q_{sk} = h\sqrt{u^2 + v^2}(C_{bk} + C_k) \tag{2-76}$$

2.6.3　河床变形方程的离散

河床变形方程的表达式如下：

$$(1 - p'_m)\left(\frac{\partial z_b}{\partial t}\right)_k + \frac{\partial q_{tkx}}{\partial x} + \frac{\partial q_{tky}}{\partial y} = 0 \tag{2-77}$$

将该方程在单元 i 内积分：

$$(1 - p'_m)\int_{\Omega_i}\left(\frac{\partial z_b}{\partial t}\right)_k \mathrm{d}v + \int_{\Omega_i} \nabla \boldsymbol{\cdot} \boldsymbol{q}_{tk}\, \mathrm{d}v = 0 \tag{2-78}$$

应用格林-高斯公式，上述积分方程离散为如下形式：

$$(1 - p'_m)\left(\frac{\partial z_b}{\partial t}\right)_k A_i + \sum_{k=1}^{3} \boldsymbol{q}_{tk}\boldsymbol{n}_k \ell_k = 0 \tag{2-79}$$

将上式做简单变形之后可以得到：

$$(\Delta z_b)_k = -\frac{\Delta t}{A_i(1 - p'_m)}\sum_{k=1}^{3} \boldsymbol{q}_{tk}\boldsymbol{n}_k \ell_k \tag{2-80}$$

上式等号右端的 $\boldsymbol{q}_{tk}$ 取为计算界面相邻两个单元总输沙率的算术平均值。

床面高程变化率的表达式则为：

$$\Delta z_b = \sum_{k=1}^{N} (\Delta z_b)_k \tag{2-81}$$

2.6.4　床沙级配方程的离散

由于泥沙的沉积作用，河床上的床沙级配沿着垂线方向是变化的，本书采用应用广泛的活动层模型[77]来考虑床沙级配的垂向变化。河床上堆积的泥沙自床面以下分为三层：活动层，过渡层，基质层。活动层与过渡层的高度与床沙级配分别为：E_m，E_{m0}，p_{bk}，p_{b0k}。 活动层内的泥沙在上表面与水体中运动的泥沙相互交换，在下表面与过渡层内的泥沙相互交换；过渡层上表面与活动层内的泥沙相互交换，下表面与基质层不发生泥沙交换。活动层内部的床沙级配变化方程表达式如下：

$$\frac{\partial(E_m p_{bk})}{\partial t} = \left(\frac{\partial z_b}{\partial t}\right)_k - [\theta p_{bk} + (1-\theta) p_{b0k}]\left(\frac{\partial z_b}{\partial t} - \frac{\partial E_m}{\partial t}\right) \quad (2-82)$$

将上述方程在单元 i 内积分：

$$\int_{\Omega_i} \frac{\partial(E_m p_{bk})}{\partial t} dv = \int_{\Omega_i} \left(\frac{\partial z_b}{\partial t}\right)_k dv - \int_{\Omega_i} [\theta p_{bk} + (1-\theta) p_{b0k}]\left(\frac{\partial z_b}{\partial t} - \frac{\partial E_m}{\partial t}\right) dv$$

$$(2-83)$$

上述积分方程展开后可以离散为如下形式：

$$\frac{E_m^{n+1} p_{bk}^{n+1} - E_m^n p_{bk}^n}{\Delta t} A_i$$

$$= \frac{(\Delta z_b)_k}{\Delta t} A_i - [\theta p_{bk}^n + (1-\theta) p_{b0k}^n]\left(\frac{\Delta z_b}{\Delta t} A_i - \frac{E_m^{n+1} - E_m^n}{\Delta t} A_i\right) \quad (2-84)$$

整理上述离散方程之后可以得到：

$$p_{bk}^{n+1} = \frac{(\Delta z_b)_k - [\theta p_{bk}^n + (1-\theta) p_{b0k}^n](\Delta z_b - E_m^{n+1} + E_m^n) + E_m^n p_{bk}^n}{E_m^{n+1}}$$

$$(2-85)$$

上式等号右端的 $\Delta z_b - E_m^{n+1} + E_m^n$ 即表示基质层上表面(活动层下表面)高程的变化值。E_m 的计算公式为：

$$E_m = \min[\max(E_m^{\min}, 2d_{50}, \Delta/2), E_m^{\max}] \quad (2-86)$$

上式中，Δ 为床形高度；$E_m^{\min}$ 与 $E_m^{\max}$ 为定值，这样计算的 E_m 避免了分母上出现极小值。

过渡层内床沙级配方程表达式如下：

$$\frac{\partial(E_{m0} p_{b0k})}{\partial t} = [\theta p_{bk} + (1-\theta) p_{b0k}]\left(\frac{\partial z_b}{\partial t} - \frac{\partial E_m}{\partial t}\right) \quad (2-87)$$

将上述方程在单元 i 内积分：

$$\int_{\Omega_i} \frac{\partial(E_{m0} p_{b0k})}{\partial t} dv = \int_{\Omega_i} [\theta p_{bk} + (1-\theta) p_{b0k}]\left(\frac{\partial z_b}{\partial t} - \frac{\partial E_m}{\partial t}\right) dv \quad (2-88)$$

上述积分方程展开后可以离散为如下形式：

$$\frac{E_{m0}^{n+1}\,p_{b0k}^{n+1}-E_{m0}^{n}\,p_{b0k}^{n}}{\Delta t}A_i=\left[\theta p_{bk}^{n}+(1-\theta)\,p_{b0k}^{n}\right]\left(\frac{\Delta z_b}{\Delta t}A_i-\frac{E_m^{n+1}-E_m^{n}}{\Delta t}A_i\right)$$

$$(2-89)$$

整理上述离散方程之后可以得到：

$$p_{b0k}^{n+1}=\frac{\left[\theta p_{bk}^{n}+(1-\theta)\,p_{b0k}^{n}\right](\Delta z_b-E_m^{n+1}+E_m^{n})+E_{m0}^{n}\,p_{b0k}^{n}}{E_{m0}^{n+1}}\quad(2-90)$$

E_{m0}^{n+1} 的计算公式为：

$$E_{m0}^{n+1}=E_{m0}^{n}+\Delta z_b-E_m^{n+1}+E_m^{n}\qquad(2-91)$$

式(2-85)与式(2-90)中 θ 的计算公式为：

$$\theta=\begin{cases}1 & \text{若 } \Delta z_b-E_m^{n+1}+E_m^{n}\geqslant 0\\[2mm]0 & \text{若 } \Delta z_b-E_m^{n+1}+E_m^{n}<0\end{cases}\qquad(2-92)$$

2.7 二阶空间重构方法

为了实现空间上的高阶精度，需要对计算单元内的物理量进行空间重构，MUSCL 格式[89]可以有效地减少原始 Godunov 格式[90]中的数值耗散，具有高分辨率的激波捕捉能力[91]，也是目前在非结构网格上广泛采用的数值重构技术。MUSCL 格式可以细分为一维以及多维的 MUSCL 格式。下文给出了一种新型的多维 MUSCL 格式，该格式考虑了三角形计算单元的几何特点与分布特征，相比于传统的数值重构方法，其计算稳定性更好，在不牺牲计算精度的前提下也能提高计算效率，具体内容如下。

由于物理量存储在位于单元形心的节点，先采用反距离权重方法（IDW）[92]求解单元顶点上的物理量（如图 2.2 所示），计算公式如下：

$$U_{N_k}=\sum_{i=1}^{n_c}(\omega_i U_{T_i})\Big/\sum_{i=1}^{n_c}\omega_i\qquad(2-93)$$

上式中，ω_i 为权重系数，计算公式如下：

$$\omega_i = 1/\mid \boldsymbol{T}_i \boldsymbol{N}_k \mid \tag{2-94}$$

采用如下判据来区分相邻单元 i 与 j 的两种不同的分布方式（如图2.3所示）：

$$\begin{cases} \text{Case(a)} & \text{若 } \boldsymbol{M}_{ij}\boldsymbol{T}_j \times \boldsymbol{M}_{ij}\boldsymbol{T}_i \leqslant 0 \\ \text{Case(b)} & \text{若 } \boldsymbol{M}_{ij}\boldsymbol{T}_j \times \boldsymbol{M}_{ij}\boldsymbol{T}_i > 0 \end{cases} \tag{2-95}$$

对于情况（a），单元 i 中线的延长线与单元 j 相交于边 $N_2' N_3$ 上的点 C_i^+，该点上的物理量通过式（2-96）求得：

$$U_{ij}^+ = \nu_{i1} U_{N_2'} + \nu_{i2} U_{N_3} \tag{2-96}$$

上式中，ν_{i1} 与 ν_{i2} 的计算公式为

$$\nu_{i1} = \mid \boldsymbol{C}_i^+ \boldsymbol{N}_3 \mid / \mid \boldsymbol{N}_2' \boldsymbol{N}_3 \mid , \ \nu_{i2} = \mid \boldsymbol{C}_i^+ \boldsymbol{N}_2' \mid / \mid \boldsymbol{N}_2' \boldsymbol{N}_3 \mid \tag{2-97}$$

与边 $N_2 N_3$ 对应的上下游坡度可以通过式（2-98）求得：

$$p_{ij}^- = (U_{T_i} - U_{N_1})/ \mid \boldsymbol{T}_i \boldsymbol{N}_1 \mid , \ p_{ij}^+ = (U_{ij}^+ - U_{T_i})/ \mid \boldsymbol{T}_i \boldsymbol{C}_i^+ \mid \tag{2-98}$$

中点 M_{ij} 左侧的物理量可以用式（2-99）求得：

$$U_L^M = U_{T_i} + \varphi^{VA}(p_{ij}^- , p_{ij}^+) \mid \boldsymbol{T}_i \boldsymbol{M}_{ij} \mid \tag{2-99}$$

M_{ij} 右侧的物理量可以用类似的方法求得。上式中，φ^{VA} 为 Van Albada 限制函数[93]，自变量为式（2-98）中上下游的坡度值，具体的表达式如下：

$$\varphi^{VA}(a , b) = \begin{cases} \zeta a + (1-\zeta)b & \text{若 } ab > 0 \\ 0 & \text{若 } ab \leqslant 0 \end{cases} \tag{2-100}$$

上式中，ζ 的变化范围为 0 到 1，由式（2-101）定义：

$$\zeta(a , b) = (b^2 + e)/(a^2 + b^2 + 2e) \tag{2-101}$$

上式中的 e 为一极小值，且 $e = 10^{-16}$。

图 2.3 中的情况（b）也可以采用类似的方法考虑。

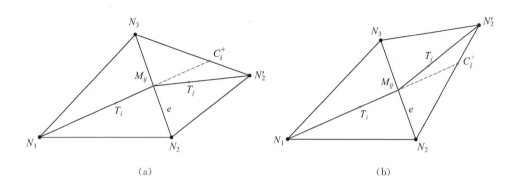

图 2.3 相邻单元 i 与 j 的两种分布方式示意图

2.8 数值通量的求解

把水动力控制方程在单元 i 内积分,对积分公式内的面积分项应用格林-高斯公式之后,可以得到如下半离散形式的方程:

$$\boldsymbol{U}_i^{n+1} = \boldsymbol{U}_i^n + \left(-\sum_{k=1}^3 \boldsymbol{F}_k \boldsymbol{n}_k \ell_k + \int_{\Omega_i} \boldsymbol{S} \mathrm{d}\upsilon \right) \frac{\Delta t}{A_i} \tag{2-102}$$

上式中,$\boldsymbol{F}_k \boldsymbol{n}_k$ 为通过边 k 且指向边 k 外法线方向的通量向量,可以通过求解位于边 k 上的局部黎曼问题来求得,其表达式为:

$$\boldsymbol{F}_k \boldsymbol{n}_k = \boldsymbol{E} n_{kx} + \boldsymbol{G} n_{ky} = \begin{bmatrix} hun_{kx} + hvn_{ky} \\ (hu^2 + gh^2/2)n_{kx} + huvn_{ky} \\ huvn_{kx} + (hv^2 + gh^2/2)n_{ky} \end{bmatrix} \tag{2-103}$$

使用 HLLC 近似黎曼求解器[94]求解通过边界的数值通量,表达式如下:

$$\boldsymbol{F}^{HLLC}(\boldsymbol{U}_L, \boldsymbol{U}_R) = \begin{cases} \boldsymbol{F}_L & \text{若 } S_L \geqslant 0 \\ \boldsymbol{F}_{*L} & \text{若 } S_L < 0 \leqslant S_* \\ \boldsymbol{F}_{*R} & \text{若 } S_* < 0 < S_R \\ \boldsymbol{F}_R & \text{若 } S_R \leqslant 0 \end{cases} \tag{2-104}$$

上式中，U_L 与 U_R 为边界左右两侧的守恒变量向量，为已知量；$F_L = F(U_L)$，$F_R = F(U_R)$，可以通过式（2-103）计算得出；S_L，S_* 与 S_R 为 HLLC 近似黎曼求解器中的左波速，接触波波速以及右波速，如图 2.4 所示；F_{*L}，F_{*R} 为接触波左右两侧的数值通量向量。

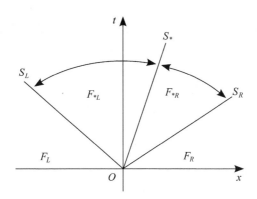

图 2.4　HLLC 黎曼求解器结构示意图

S_L，S_* 与 S_R 三个波速的值通过以下式（2-105）～（2-107）计算得出：

$$S_L = \begin{cases} u_R^\perp - 2\sqrt{gh_R} & \text{若 } h_L = 0 \\ \min(u_L^\perp - \sqrt{gh_L},\ u_*^\perp - \sqrt{gh_*}) & \text{若 } h_L > 0 \end{cases} \tag{2-105}$$

$$S_R = \begin{cases} u_L^\perp + 2\sqrt{gh_L} & \text{若 } h_R = 0 \\ \max(u_R^\perp + \sqrt{gh_R},\ u_*^\perp + \sqrt{gh_*}) & \text{若 } h_R > 0 \end{cases} \tag{2-106}$$

$$S_* = \frac{S_L h_R (u_R^\perp - S_R) - S_R h_L (u_L^\perp - S_L)}{h_R (u_R^\perp - S_R) - h_L (u_L^\perp - S_L)} \tag{2-107}$$

上式中，下标 $*$ 表示左右波 S_L 与 S_R 之间星号区域内部的物理量，通过以下两个公式求解：

$$h^* = \left[(u_L^\perp - u_R^\perp)/4 + (\sqrt{gh_L} + \sqrt{gh_R})/2\right]^2 / g \tag{2-108}$$

$$u_*^\perp = (u_L^\perp + u_R^\perp)/2 + (\sqrt{gh_L} - \sqrt{gh_R}) \tag{2-109}$$

F_{*L} 与 F_{*R} 基于简化了的 HLL 近似黎曼求解器[95] 进行求解：

$$\boldsymbol{F}_{*L}=\begin{bmatrix} F_*^{(1)} \\ F_*^{(2)}n_{fx}-u_L^{\parallel}F_*^{(1)}n_{fy} \\ F_*^{(2)}n_{fy}+u_L^{\parallel}F_*^{(1)}n_{fx} \end{bmatrix}, \quad \boldsymbol{F}_{*R}=\begin{bmatrix} F_*^{(1)} \\ F_*^{(2)}n_{fx}-u_R^{\parallel}F_*^{(1)}n_{fy} \\ F_*^{(2)}n_{fy}+u_R^{\parallel}F_*^{(1)}n_{fx} \end{bmatrix}$$

$$(2\text{-}110)$$

上式中，$F_*^{(1)}$ 与 $F_*^{(2)}$ 为通过 HLL 近似黎曼求解器求得的数值通量向量的两个分量，表达式如下：

$$\boldsymbol{F}_*=\frac{S_R\boldsymbol{F}_L^{\perp}-S_L\boldsymbol{F}_R^{\perp}+S_RS_L(\boldsymbol{U}_R^{\perp}-\boldsymbol{U}_L^{\perp})}{S_R-S_L} \tag{2-111}$$

需要注意的是，上式中的向量均只有两个分量。

2.9 坡度源项及摩阻源项的处理

模拟自然地形上的浅水流动，需要对源项进行合适的处理，否则浅水方程中的通量梯度与源项不能平衡，数值格式不能满足和谐性质。对于河床坡度源项，将其在单元 i 内积分之后，改写为各边通量之和的形式[96]：

$$\int_{\Omega_i}\boldsymbol{S}_b\mathrm{d}\Omega=\oint_{\Gamma_i}\boldsymbol{F}^{S_b}(\boldsymbol{U})\boldsymbol{n}\mathrm{d}\Gamma=\sum_{k=1}^{N}\boldsymbol{F}_k^{S_b}(\boldsymbol{U})\boldsymbol{n}_k\ell_k \tag{2-112}$$

上式中，$\boldsymbol{F}_k^{S_b}\boldsymbol{n}_k$ 为通过边 k 且指向外法线方向的坡度通量，表达式如下：

$$\boldsymbol{F}^{S_b}\boldsymbol{n}=\begin{bmatrix} 0 \\ -gn_x(h_f^L+h_L)(z_{bf}-z_{bL})/2 \\ -gn_y(h_f^L+h_L)(z_{bf}-z_{bL})/2 \end{bmatrix} \tag{2-113}$$

忽略摩阻源项之后，时间积分格式改写为如下形式：

$$\boldsymbol{U}_i^{n+1}=\boldsymbol{U}_i^n-\frac{\Delta t^n}{A_i}\left[\sum_{k=1}^{N}\boldsymbol{F}_k^{S_b}(\boldsymbol{U})\boldsymbol{n}_k\ell_k-\sum_{k=1}^{N}\boldsymbol{F}_k(\boldsymbol{U})\ell_k\right]_n \tag{2-114}$$

对于摩阻源项，采用分裂隐式方法[97]进行处理，表达式如下：

$$\boldsymbol{U}^{n+1}=\boldsymbol{U}^n+\Delta t\,\bar{\boldsymbol{S}}_f^n \tag{2-115}$$

需要注意的是,由于摩阻源项对水流连续方程不产生影响,上式中的向量均只有两个分量,其中 $\bar{S}_f^n$ 的表达式为:

$$\bar{S}_{fx}^n = \left(\frac{S_{fx}}{1-\Delta t\left[\partial S_{fx}/\partial(hu)\right]}\right)^n, \ \bar{S}_{fy}^n = \left(\frac{S_{fy}}{1-\Delta t\left[\partial S_{fy}/\partial(hv)\right]}\right)^n \tag{2-116}$$

且 $\bar{S}_f^n$ 受到如下条件的限制:

$$\bar{S}_f \begin{cases} \geqslant -U/\Delta t & 若 U \geqslant 0 \\ \leqslant -U/\Delta t & 若 U \leqslant 0 \end{cases} \tag{2-117}$$

2.10 时间积分格式

为了实现时间上的二阶精度,方程求解的时间积分格式采用了二阶龙格-库塔法,表达式如下:

$$\boldsymbol{U}_i^{n+1} = \left[(\boldsymbol{U}_i^n + \boldsymbol{U}_i^{n^*}) + \boldsymbol{K}(\boldsymbol{U}_i^{n^*})\right]/2 \tag{2-118}$$

$$\boldsymbol{U}_i^{n^*} = \boldsymbol{U}_i^n + \boldsymbol{K}(\boldsymbol{U}_i^n) \tag{2-119}$$

$$\boldsymbol{K}(\boldsymbol{U}_i^n) = \frac{\Delta t^n}{A_i}\left(\int_{\Omega_i}\boldsymbol{S}_b\,\mathrm{d}\Omega - \sum_{k=1}^3 \boldsymbol{F}_k(\boldsymbol{U}_i^n)\ell_k\right) \tag{2-120}$$

积分过程中时间步长 Δt 受到稳定性判据(库朗数 CFL)的限制:

$$\Delta t = CFL \cdot \min\left(\frac{R}{\sqrt{u^2+v^2}+\sqrt{gh}}\right)_i \tag{2-121}$$

2.11 弯道二次流的处理

蜿蜒曲折的河道是自然界中最为常见的河流形态,弯道内的水流由于受离心力和水面横比降造成的压力梯度共同作用的影响,形成弯曲河道典型的二次流特征(如图2.5所示),其与主流向的流动相结合最终形成复杂的弯道螺旋流动,具有显著的三维特性。

二次流在河道断面上表现出表层向凹岸流动,底层流向凸岸的环流特性,从而造成近河床处泥沙不断从凹岸向凸岸输移,加之河床冲淤过程中的横向底坡使输沙方向偏离水流方向,并且随着横向底坡的越来越大,这种影响愈发明显[98],如图2.6所示。河床冲刷将冲蚀或破坏河道建筑物,而淤积则会影响航运通行,因此准确预测弯曲河道的河床冲淤变化对水工建筑物、河道整治以及航运安全等均具有显著意义。鉴于弯道流动的复杂三维特性,尤其是弯道二次流对输沙的重要影响,水深平均的二维模型不能准确模拟流动的二次流特征,需要对推移质的输运方向进行修正,具体内容如下。

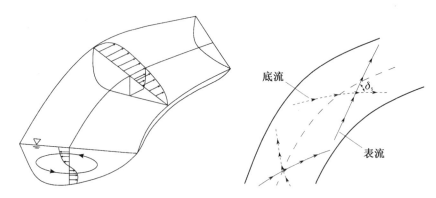

图 2.5　弯道二次流示意图　　　图 2.6　弯道底流与表流方向示意图

弯道中流线的曲率半径 r_c 的计算公式为:

$$r_c = |\boldsymbol{u}|^3 / |\boldsymbol{u} \cdot \boldsymbol{a}_c| \qquad (2\text{-}122)$$

上式在水流恒定状态下可以近似表达为如下形式:

$$r_c = \frac{(u^2 + v^2)^{\frac{3}{2}}}{-uv\dfrac{\partial u}{\partial x} - v^2\dfrac{\partial u}{\partial y} + u^2\dfrac{\partial v}{\partial x} + uv\dfrac{\partial v}{\partial y}} \qquad (2\text{-}123)$$

弯道二次流对床面剪切应力方向的修正角度计算公式为:

$$\delta = \arctan(v/u) - \arctan(Ah/r_c) \qquad (2\text{-}124)$$

上式中,A 为谢才系数 C 与 Von Karman 常数 κ 的函数,计算公式为:

$$A = \frac{2}{\kappa^2}\left(1 - \frac{\sqrt{g}}{\kappa C}\right) \qquad (2\text{-}125)$$

横向坡度对推移质输移方向的修正公式为：

$$\tan\alpha = \left(\sin\delta - \frac{1}{2\Theta}\cdot\frac{\partial z_b}{\partial y}\right)\bigg/\left(\cos\delta - \frac{1}{2\Theta}\cdot\frac{\partial z_b}{\partial x}\right) \qquad (2\text{-}126)$$

上式中的 Θ 为 Shields 数。

横向与纵向推移质输沙率的计算公式为：

$$q_{bx} = q_b \cdot \cos\alpha , q_{by} = q_b \cdot \sin\alpha \qquad (2\text{-}127)$$

最终河床变形的计算公式为：

$$(1 - p_m')\frac{\partial z_b}{\partial t} = -\nabla \cdot \boldsymbol{q}_t \qquad (2\text{-}128)$$

上式中，$\boldsymbol{q}_t$ 的计算公式为：

$$\boldsymbol{q}_t = \boldsymbol{q}_b + \boldsymbol{q}_s \qquad (2\text{-}129)$$

2.12 河床高程的校正

　　传统的平面二维水沙数学模型很少对计算过程中的河床高程进行校正，实际上，床面高程在迭代计算过程中，其坡度很可能会出现大于非黏性泥沙水下休止角的情况，这在物理层面和数学层面上都是错误的。物理层面上，河床上的非黏性泥沙颗粒堆积成体，一旦河床的坡度大于水下休止角这一临界值，泥沙堆积体在重力作用下就会重新调整坡度，使其向临界值靠拢；数学层面上，河床坡度项在水流控制方程中是一个重要的源项，其正确计算与否将会直接影响水流计算的精度。因此，若不对计算过程中的河床高程进行人为的校正，数学模型的物理机制就不够完善，计算结果也不可能与实际情况相符。

　　下文基于泥沙质量守恒定律和非黏性泥沙的物理性质（满足水下休止

角),给出了计算过程中河床高程的多次校正方法,具体内容如下。

如图 2.7 所示,单元 i 的河床高程受到其相邻单元(共节点单元)$j_i (i = 1, 2, \cdots, 13)$ 的影响,为简洁起见,下文只考虑单元 j_1 对单元 i 的影响,其他 12 个相邻单元可类似考虑。

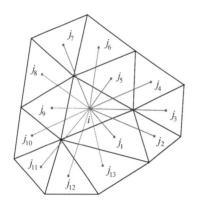 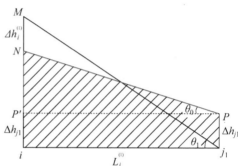

图 2.7 单元 i 及其相邻单元分布图　图 2.8 重力影响下不稳定河床坡度重构示意图

假设单元 i 的床面高程大于相邻单元 j_1 的床面高程,即 $z_{bi} > z_{bj1}$,如图 2.8 所示。其中,θ_1 为当前的床面坡度;θ_0 为泥沙水下休止角。当 $\theta_1 > \theta_0$ 时,床面坡度由于重力的作用会有一个重构的过程,即单元 i 的床面高度逐渐下降 $\Delta h_i^{(1)}$,单元 j_1 的床面高度逐渐上升 Δh_{j1},最终到达一个稳定的状态,即 $\theta_1 \leqslant \theta_0$。

根据质量守恒定律,单元 i 减少的泥沙质量应与单元 j_1 增加的泥沙质量相等,即:

$$\Delta h_i^{(1)} \cdot A_i = \Delta h_{j1} \cdot A_{j1} \qquad (2\text{-}130)$$

上式中,A_i 和 A_{j1} 分别为单元 i 和单元 j_1 的面积。

$\Delta h_i^{(1)}$ 和 Δh_{j1} 满足下面的转换关系:

$$\Delta h_{j1} = \Delta h_i^{(1)} \cdot A_i / A_{j1} \qquad (2\text{-}131)$$

如图 2.8 所示,$L_{P'i} = L_{Pj1}$,所以有下面等式成立:

$$\Delta h_{j1} + \Delta h_i^{(1)} = L_{Mi} - L_{NP'} \qquad (2\text{-}132)$$

又因为,$\tan \theta_0 = L_{NP'} / L_i^{(1)}$,$\tan \theta_1 = L_{Mi} / L_i^{(1)}$,上式可以进一步转化为:

$$\Delta h_i^{(1)} = L_i^{(1)} (\tan \theta_1 - \tan \theta_0)/(1 + A_i/A_{j1}) \qquad (2\text{-}133)$$

$\Delta h_i^{(1)}$ 即为考虑泥沙水下休止角时,单元 i 受相邻单元 j_1 影响的河床高程校正值。

进一步考虑到河床坡度可能为负值,即 $\theta_1 < 0$,此时 $z_{bi} < z_{bj1}$,上述的河床高程校正值表达式修正为:

$$\Delta h_i^{(1)} = \begin{cases} L_i^{(1)} (\tan |\theta_1| - \tan\theta_0)/(1 + A_i/A_{j1}) \cdot \mathrm{sign}(\theta_1) & \text{若 } |\theta_1| > \theta_0 \\ 0 & \text{若 } |\theta_1| \leqslant \theta_0 \end{cases}$$
$$(2\text{-}134)$$

上式中,$\mathrm{sign}(\theta_1)$ 为符号函数,表达式为:

$$\mathrm{sign}(\theta_1) = \begin{cases} 1 & \text{若 } \theta_1 > 0 \\ 0 & \text{若 } \theta_1 = 0 \\ -1 & \text{若 } \theta_1 < 0 \end{cases} \qquad (2\text{-}135)$$

单元 i 受所有相邻单元 $j_i (i = 1, 2, 3, \cdots, k)$ 影响的河床高程校正过程具体步骤如下:

(1) 考虑单元 j_1 对单元 i 河床高程的影响,对单元 i 的河床高程进行初次校正;

(2) 基于步骤(1),考虑单元 j_2 对初次校正的单元 i 的河床高程值进行二次校正;

……

$(k-1)$ 基于步骤 $(k-2)$,考虑单元 j_{k-1} 对 $k-2$ 次校正的单元 i 的河床高程值再次进行校正;

(k) 基于步骤 $(k-1)$,考虑单元 j_k 对 $k-1$ 次校正的单元 i 的河床高程值进行最后一次校正,最终单元 i 的河床高程校正值为 $z_{bi} - \sum\limits_{n=1}^{k} \Delta h_i^{(n)}$。

考虑到单元 i 的高程校正可能会引起单元 j_k 与其相邻单元的连锁高程校正,所以上述的校正过程需要在计算域内不断重复,直到满足条件:

$$|\theta_i| \leqslant \theta_0 (i = 1, 2, 3 \cdots, N) \qquad (2\text{-}136)$$

上式中，N 为计算域内部计算单元的总数量。

下文通过一个一维算例、一个二维算例来验证上述河床高程校正方法的正确性。

首先考虑一个长 10 m 的计算域，其上有一个半圆形的非黏性沙堆积体，水下休止角为 30°，计算域内床面高程通过如下的函数定义：

$$z_b = \begin{cases} \sqrt{4-x^2} & -2 \leqslant x \leqslant 2 \\ 0 & -5 \leqslant x < -2, 2 \leqslant x \leqslant 5 \end{cases} \tag{2-137}$$

10 m 长的计算域被均匀划分为 1 000 个网格，图 2.9 给出了河床高程调整的过程。显然，由于初始床面的坡度大于泥沙的水下休止角，泥沙堆积体在重力作用下会重新调整坡度，从而使得床面坡度向临界值靠拢。图中黑色实线为床面的初始高程；蓝色虚线为校正过程 $1 \sim k$ 重复 1 000 次以后的床面高程；红色虚线为最终的床面高程。由图可以看出，该校正过程可以正确地复现自然条件下非黏性沙堆积体的床面坡度自动调整过程。

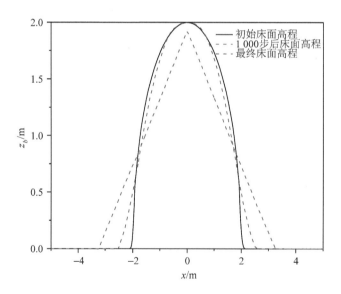

图 2.9　一维非黏性沙床面高程自动调整过程

考虑一个定义在 $[-5\,\mathrm{m}, 5\,\mathrm{m}] \times [-5\,\mathrm{m}, 5\,\mathrm{m}]$ 的正方形计算域，其上有一个半球形的非黏性泥沙堆积体，水下休止角为 30°，计算域内部的床面高程通过如下的函数定义：

$$z_b^2 = \max[0, 4 - x^2 - y^2] \qquad (2\text{-}138)$$

整个计算域被划分为 8 321 个三角形单元,图 2.10(a)～2.10(d)给出了河床高程的调整过程。显然,在二维情况下,本节提出的河床高程校正方法也可以正确地复现自然条件下非黏性沙堆积体其床面坡度的自动调整过程,符合河床变形的实际情况,能够完善河床变形计算中的物理机制。

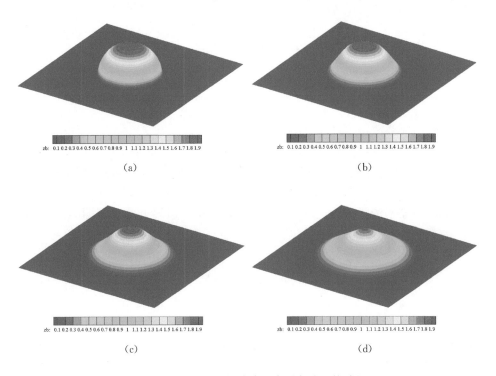

图 2.10　二维非黏性沙床面高程自动调整过程

2.13　初边条件的处理

2.13.1　水流边界

对于水流边界,需要根据当地的水流流速和 Froude 数,区分为四种情况分别进行处理：

① 对于急流进口开边界，给定边界处的水深与法向流速，切向流速为 0：

$$u_R^{\perp}=u_c^{\perp},\ h_R=h_c,\ u_R^{\parallel}=0,\qquad(2\text{-}139)$$

② 对于缓流进口开边界，给定边界处的法向流速，切向流速为 0：

$$u_R^{\perp}=u_c^{\perp},\ u_R^{\parallel}=0,\ h_R=\left[\sqrt{h_L}-(u_R^{\perp}-u_L^{\perp})/2\sqrt{g}\,\right]^2\quad(2\text{-}140)$$

③ 对于急流出口开边界，不需要额外给定边界条件：

$$u_R^{\perp}=u_L^{\perp},\ u_R^{\parallel}=u_L^{\parallel},\ h_R=h_L\qquad(2\text{-}141)$$

④ 对于缓流出口开边界，给定边界处的水深：

$$h_R=h_c,\ u_R^{\perp}=u_L^{\perp}+2\sqrt{g}\,(\sqrt{h_L}-\sqrt{h_R}),\ u_R^{\parallel}=u_L^{\parallel}\quad(2\text{-}142)$$

⑤ 对于水流闭边界，边界处的法向流速为 0，边界处的水深即为内侧单元的水深：

$$u_R^{\perp}=0,\ h_R=h_L,\ u_R^{\parallel}=u_L^{\parallel}\qquad(2\text{-}143)$$

此外，由于计算时上游开边界常采用流量边界条件，上游边界处的法向流速需要根据节点水深进行分配，计算公式为：

$$u_c^{\perp}=\frac{Q\cdot h^{\frac{2}{3}}}{\displaystyle\int_0^B h^{\frac{5}{3}}\mathrm{d}y}\qquad(2\text{-}144)$$

2.13.2　泥沙边界

对于泥沙进口开边界，给定进口边界处泥沙的级配分布，以及各组分推移质以及悬移质的断面输沙率，断面输沙率按照边界节点上的流量以及水深分配单宽输沙率，计算公式为：

$$q_{bk} = \frac{Q_{bk} q h^{r_b}}{\int_0^B q h^{r_b}\,\mathrm{d}y}, q_{sk} = \frac{Q_{sk} q h^{r_s}}{\int_0^B q h^{r_s}\,\mathrm{d}y}, \tag{2-145}$$

上式中，Q_{bk}，Q_{sk} 为进口断面上第 k 组分泥沙推移质与悬移质输沙率；q 为进口断面水流的单宽流量；q_{bk}，q_{sk} 为第 k 组分泥沙推移质与悬移质的单宽输沙率；r_b，r_s 分别是与推移质和悬移质相关的分配系数。

对于泥沙出口开边界，边界流速方向的悬移质浓度梯度为 0：

$$\frac{\partial C_k}{\partial s} = 0 \tag{2-146}$$

对于泥沙闭边界，边界悬移质浓度的法向梯度以及推移质输沙率均为 0：

$$\frac{\partial C_k}{\partial n} = 0, \ q_{bk} = 0 \tag{2-147}$$

2.13.3 初始条件

给定计算域内所有单元的水位，流速，河床高程，床沙初始级配，悬移质浓度以及推移质输沙率。

2.14 模型的验证

上文根据浅水方程和非平衡泥沙输运理论建立了平面二维水沙输运与河床变形模型。本节通过一些算例，对所建立模型的准确性以及可靠性进行检验。前四个算例为水流模块的验证算例，具体包括：抛物型床面上水体的晃动，非平底床面上的势流运动，复式渠道中水流的运动以及 Parshall 水槽内水流的运动。最后一个算例为 180°的 U 型弯道算例，目的是检验河床变形模块预测河床变形以及处理弯道二次流的能力。尽管相对于自然条件下的水流运动以及河床变形，本节所采用的算例相对简单，均是对实际水流运动或者河床变形问题的概化，但是这些算例均有精度较高的解析解或者实测数据，便于数值计算结果的分析以及对模型的检验。

2.14.1 水动力计算验证

2.14.1.1 抛物型床面上水体的晃动

Thacker[99] 在 1981 年提出了一个在二维抛物型光滑床面上水体晃动的测试算例（如图 2.11 所示），并给出了相应的解析解。该算例可以用来检验模型计算结果的精度以及模型处理干湿边界的能力，故而被许多学者采用[100-102]。该算例计算域内的床面高程定义如下：

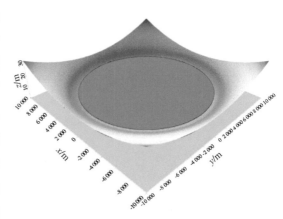

图 2.11 抛物型床面上水体晃动示意图

$$z_b(x,y) = \frac{h_0}{a^2}(x^2 + y^2) \quad (-10\,000\ \text{m} \leqslant x,y \leqslant 10\,000\ \text{m}) \quad (2\text{-}148)$$

上式中，h_0 与 a 均为非 0 常数。二者的取值分别为 $h_0 = 10$ m，$a = 8\,025.5$ m。

流速在 x 和 y 方向的两个分量以及水深解析解的表达式分别如下：

$$u = -\sigma\omega\sin(\omega t) \quad (2\text{-}149)$$

$$v = -\sigma\omega\cos(\omega t) \quad (2\text{-}150)$$

$$h(x,y,t) = \max\left\{0, \frac{\sigma h_0}{a^2}[2x\cos(\omega t) + 2y\sin(\omega t) - \sigma] + h_0 - z_b(x,y)\right\}$$

$$(2\text{-}151)$$

其中，σ 表示水体晃动的幅度，为一常数，此算例中取为 $\sigma = 802.55$ m；ω 表示水体周期晃动的频率，计算公式为 $\omega = \sqrt{2gh_0}/a = 1.745\,3 \times 10^{-3}\ \text{s}^{-1}$，水体晃动的周期 $T = 2\pi/\omega = 3\,600$ s。

整个计算区域被离散为四种尺寸的计算网格，依次是：$\Delta L = 55.18$ m，108.49 m，138.58 m 以及 205.02 m，网格平均尺寸 ΔL 的计算公式为

$\Delta L = \sum\limits_{i=1}^{n} \sqrt{A_i}/n$，其对应的单元数量依次是 128 418，33 038，20 516 以及
9 304。计算的初始条件采用 $t=0$ 时式(2-149)~(2-151)的计算结果，边界
条件采用固壁边界条件，计算时长为三个周期，即 10 800 s。

图 2.12 给出了计算过程中 $t=T$，$T+T/3$，$T+T/2$ 以及 $2T+T/6$ 时，
计算域内沿着 x 方向对称轴的计算结果及其与解析解的对比情况。为了方
便比较，本书只列举了 $\Delta L=55.18\text{m}$ 这一尺寸网格的计算结果。由图 2.12 可
以发现，在所有的时间点，水位的计算值均与解析解吻合较好，说明模型成功
地实现了这个算例并且具有良好的干湿边界处理能力。此外，图 2.13 记录
了监测点 $(-5\,000,-100)$ 处流速随计算时间的变化情况，可以发现，不管是
x 方向的流速还是 y 方向的流速，其与数值解之间的差异均很小。

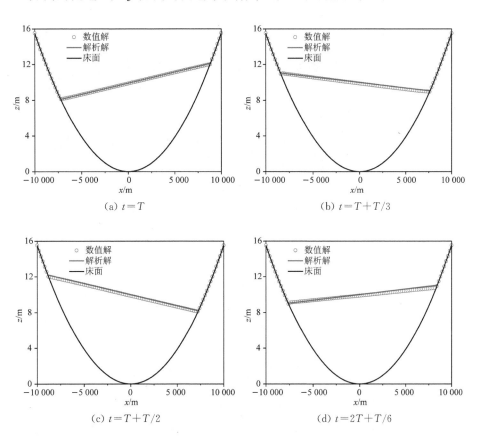

(a) $t=T$　　　　　　　　　　(b) $t=T+T/3$

(c) $t=T+T/2$　　　　　　　(d) $t=2T+T/6$

图 2.12　不同时刻水位数值解与解析解对比(网格尺寸 $\Delta L=55.18$ m)

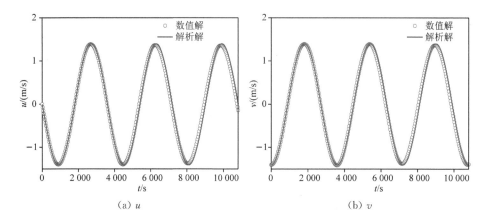

图 2.13 点(−5 000，−100)处 x 与 y 方向流速数值解与解析解对比
（网格尺寸 $\Delta L = 55.18$ m）

图 2.14 给出了在整个计算时间段内总水量的相对误差变化情况，相对误差的变化范围是 $-5.43 \times 10^{-19} \sim -5.42 \times 10^{-17}$，整体保持在一个较低的水平，表明了计算过程中总水量与初始时刻的总水量偏差极小，模型能够保持质量守恒的原则。此外，数值计算结果误差的 L_1 范数和 L_2 范数常常被用来评价模型计算结果的收敛程度，如图 2.15 所示，本书也给出了四种尺寸网格上水深 h、单宽流量的两个分量 q_x 及 q_y 计算误差的 L_1 范数和 L_2 范数（$t = 3T$），并且图中横纵坐标均进行了对数化处理。由图 2.15 可以发现，随着计算网格尺寸的逐渐减小，模型计算结果的误差也在逐渐减小，并且误差的 L_1 范数和 L_2 范数这二者收敛的速率均大于 1.6，表明模型计算的精度也得到了保证。

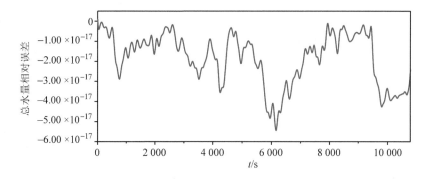

图 2.14 总水量相对误差随计算时间的变化

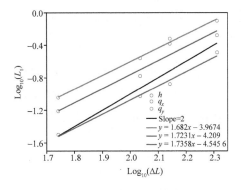 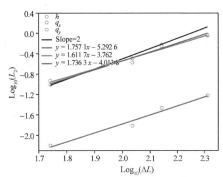

（a）误差的 L_1 范数随网格尺寸的变化情况　　（b）误差的 L_2 范数随网格尺寸的变化情况

图 2.15　$t=3T$ 时 h，q_x，q_y 数值解误差的 L_1 与 L_2 范数

2.14.1.2　非平底床面上的势流运动

Ricchiuto[103]在 2007 年给出了一种在不平整光滑床面上势流运动的解析解，该算例经常被用来检验数值格式是否具有保持单调性以及在不规则地形的情况下能否收敛到稳态解的能力。考虑一个光滑的正方形区域[−1 m，1 m]×[−1 m，1 m]，区域内部的流场通过一个调和函数来进行定义：

$$\psi(x,y)=xy \tag{2-152}$$

x 及 y 方向的流速分量的计算公式分别如下：

$$u(x,y)=\frac{\partial \psi}{\partial y}=x,\quad v(x,y)=-\frac{\partial \psi}{\partial x}=-y \tag{2-153}$$

本算例中水深以及床面高程的解析解表达如下：

$$h(x,y)=1.5+\psi,\quad z_b(x,y)=[30-(x^2+y^2)/2]/g-\psi-1.5 \tag{2-154}$$

考虑到计算区域内部的 Froude 数值始终小于 1，计算过程中上下两侧边界选用缓流进口边界。相应地，左右两侧边界选用缓流出口边界。整个计算域被离散为 6 341 个三角单元，计算的初始条件采用使用式（2-153）和（2-154）的计算值，计算时间长为 50 s。

图 2.16（a）、（b）分别给出了计算时段末水深和流速的计算结果。可以发

现,在模拟结束时水深以及流速均能够收敛到稳态解。水深等值线的轮廓关于方形计算区域的两条对角线是对称的,这与解析解很吻合,因为由式(2-154)算得的水深分布是符合双曲抛物面分布规律的。此外,在模拟结束时也很好地预测了该算例的速度场,如图 2.16(b)所示,流场的分布图非常规则,显然在计算域内没有出现异常速度值,证明了本书的模型在数值重构以及坡度限制过程当中能够保证单调性;在不规则地形和非零速度场的情况下,模型也可以求得收敛的计算结果。

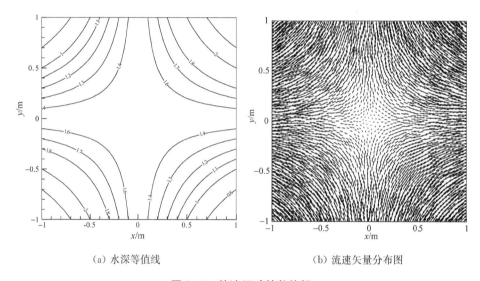

(a) 水深等值线   (b) 流速矢量分布图

图 2.16 势流运动的数值解

2.14.1.3 复式渠道中水流的运动

如图 2.17 所示,第三个算例考虑了一个不对称的复合渠道,与该算例对应的物理模型试验由 Rajaratnam[104] 在 1981 年进行。该模型对实际的复式渠道进行了简化,包括了一个主槽以及一个边滩,总长 18.3 m,宽 1.22 m。模型横断面上水深变化极大,主槽和边滩的流态也完全不同,因此这个算例主要用来检测模型能否准确预测地形剧烈变化导致的主槽与滩地内水流流态的变化。为了进一步比较模型的计算结果,本算例采用了三种 MUSCL 类型的数值格式:LCD 格式[105],Touze 格式[91]以及本书提出的数值格式来进行计算。

Rajaratnam 模型试验的具体参数如表 2.1 所示:

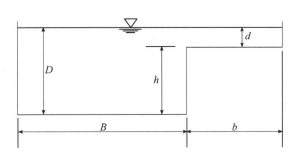

图 2.17　复式渠道横断面示意图

表 2.1　复式渠道的试验参数

D(cm)	d(cm)	h(cm)	B(cm)	B(cm)	Q(m³/s)	S(10³)	F_r
11.28	1.52	9.75	71.1	50.8	0.027	0.45	0.37

整个计算区域被离散为 17 164 个三角形单元。根据表 2.1,模型的进口边界给定为恒定流速,出口边界给定为恒定水位。假设复式渠道内足够光滑,摩擦源项忽略不计。

图 2.18 给出了距离渠道进口 9.15 m 的横断面上模型计算值与实测值的对比。结果表明,本算例采用的三种数值格式均能够模拟出实际情况下流速从主槽到边滩的急剧下降趋势。由于床面高程的突然变化,主槽与边滩的交界处(图 2.18 中的黑色虚线)出现了较大的流速梯度,这与文献[106-107]中的试验结果一致。三种数值格式的计算结果在主槽与边滩交界处附近都表现出了不同程度的数值扩散,数值扩散会把主槽内一部分水体的动量转移到边滩上的水体,从而缩小这两个区域之间流速的差距,最终导致了计算结果偏离了实测的数据。

由图 2.18 还可以发现,Touze 以及本书提出的数值格式这两种多维 MUSCL 格式比 LCD 格式在捕获大速度梯度方面表现更好,这一点与 Delis (2013)[100] 和 Hubbard(1999)[105] 的结论相符。并且,Touze 格式与本书格式的计算结果十分接近,可以获得类似的精度。从图 2.18 我们可以发现这两种多维 MUSCL 格式在捕获大速度梯度的能力方面几乎相同。但是,本书提出的格式比 Touze 格式以及 LCD 格式的计算效率更高(分别节省了 4.353% 和 4.976% 的计算时间),这是因为新格式避免了在原始 LCD 格式中循环以选择合适限制器这一步骤,并且充分利用了三角形计算单元的几何特点与分布特征,用于计算迎风坡度的迎风点为已知点,这使得新格式更加直接和高效。

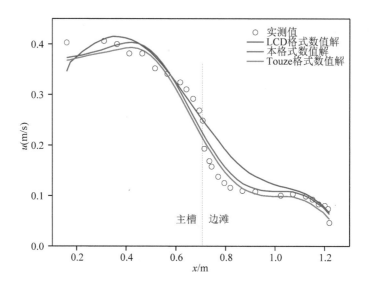

图 2.18 沿程流速的实测值与数值解对比

2.14.1.4 Parshall 水槽内水流的运动

Parshall 水槽是一种量测流量的设备,在世界范围内被广泛使用。其纵剖面图以及俯视图分别如图 2.19(a)、(b)所示,Ye[108]在 1997 年也做了相应的模型试验。本算例采用 Ye 的实测值来检验模型是否具有模拟水流流态变化的能力。

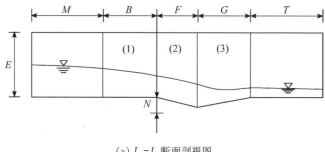

(a) $L-L$ 断面剖视图

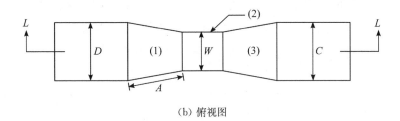

（b）俯视图

图 2.19　Parshall 水槽示意图

模型进口边界的流量为 0.014 5 m³/s,出口边界为急流故而不影响水槽中上游的流态,水槽中沿程的水面线如图 2.19(a)所示。图中区域(1)表示水槽的收缩段,在这一段区域内床面平整而水槽断面逐渐收缩,最终产生了临界水深;区域(2)表示水槽宽度最小的区域,且其宽度为一恒定值 W,而床面变陡从而导致水流流态过渡到急流;区域(3)表示水槽的扩展段,其断面宽度逐渐增大而床面坡度与区域(2)相反。所以,Parshall 水槽中水流的流态从缓流过渡到临界流,最终在区域(2)下游发展为急流。连续变化的水流流态给数值模拟的精度以及稳定性都带来了很大的挑战,应用一个稳健的数学模型预测水槽中变化的水流流态。

Parshall 水槽物理模型试验的具体参数如表 2.2 所示:

表 2.2　Parshall 水槽试验参数

A(m)	B(m)	C(m)	D(m)	E(m)	F(m)	G(m)	M(m)	N(m)	T(m)	W(m)
0.39	0.38	0.31	0.31	0.27	0.15	0.48	2.54	0.09	0.89	0.15

计算域被离散为 10 567 个三角形单元,进口边界条件为 $u = 0.4$ m/s 以及 $h = 0.12$ m。计算的初始条件为 $h = 0.05$ m。该水槽足够光滑故而摩擦源项忽略不计。

图 2.20(a)给出了 Parshall 水槽内沿程的水面线,具体包括了模型试验的测量值,本书模型的计算值以及文献[108]中计算值。可以看出,水位的计算值与实测值吻合很好。与 Ye 的计算值相比,不管在哪种流态下本书的计算值均与实测值更加接近,由其在水槽末端的急流流态,Ye 的计算值与实测值相差较大。本书计算的流场如图 2.20(b)所示,其中红色箭头表示实测的纵向流速,黑色箭头表示计算的纵向流速,对比可以发现,8 个断面上流速的

计算值与实测值均很接近，在水槽后半段流速的计算值略大于实测值。这种偏差可能是因为在试验过程当中床面阻力或多或少都会影响最终的测量结果。总的来讲，本书的模型能够准确地模拟水流流态的连续变化。

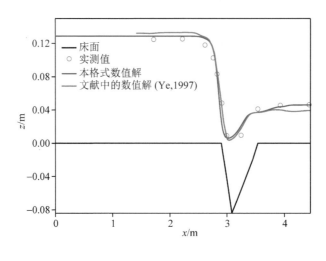

（a）水位

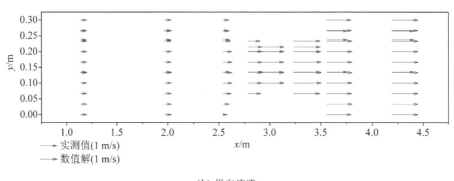

（b）纵向流速

图 2.20　水槽沿程测量值与数值解的对比

2.14.2　河床变形计算验证

本算例选用 1985 年 Struiksma[109] 在代尔夫特理工大学流体力学实验室进行的 180°弯曲水槽试验。通过比较模型的计算结果与试验测量值来分析弯道河床的冲淤变化，检验本书模型是否具有预测河床变形以及处理弯道二次流的能力。该弯道的平面布置图如图 2.21 所示。弯道宽 1.7 m,弯道中心线的曲率半径为 4.25 m,在弯道的上游与下游各有一长 10 m 的直道过渡段。

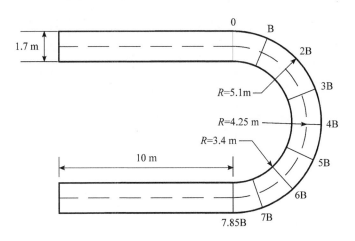

图 2.21　180°弯曲水槽平面示意图

试验具体参数如表 2.3 所示:水槽进口水深为 0.2 m,流速为 0.5 m/s,故流量恒定为 0.17 m³/s,水面比降为 1.8‰,床面的谢才系数为 26.4 m$^{1/2}$/s,床沙的中值粒径为 0.78 mm,推移质的输沙率为 0.034 kg/(m·s)。

表 2.3　180°弯曲水槽试验参数

流量 Q(m³/s)	宽度 B(m)	直道长度 L(m)	曲率半径 r_c(m)	弯道长度 L_c(m)	入口水深 h(m)
0.17	1.7	10	4.25	13.35	0.2

入口流速 U(m/s)	水面比降 S(‰)	谢才系数 C(m$^{1/2}$/s)	床沙中值粒径 d_{50}(mm)	推移质量输沙率 q_b[kg/(m·s)]
0.5	0.18	26.4	0.78	0.034

如图 2.22 所示,计算域被离散为 2 996 个三角形单元,并按照表 2.3 给定计算的初始条件与水沙边界条件进行计算。水流进口边界为恒定流量 0.17 m³/s,水流出口边界为恒定水位 0.2 m,泥沙进口边界为恒定推移质输沙率 0.034 kg/(m·s),泥沙出口边界无须特别给定,床面的曼宁糙率系数为 0.025,计算时长为 400 min。

图 2.23 为计算时段末弯道水槽的水深分布图,红色至蓝色水深值递减。

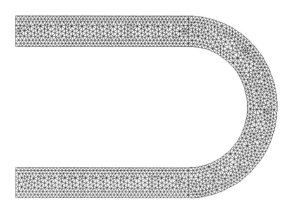

图 2.22　180°弯曲水槽计算网格

从图中可以明显发现,受弯道环流的影响,凹岸一侧水位抬高水深增大,而凸岸一侧水位下降水深减小,弯道段出现了明显的水面横比降。而且还可以发现,弯道环流的作用强度从弯道进口到弯道出口逐渐增大。弯道进口附近的水流运动受弯道二次流的影响较弱,水槽左右两岸的水深几乎相等;弯道出口处的水流受到二次流的影响最大,此处出现了最大的水位差与水面横比降;水流进入弯道出口下游的直道段以后,弯道二次流的影响逐渐减弱,水深逐渐恢复至均匀分布。

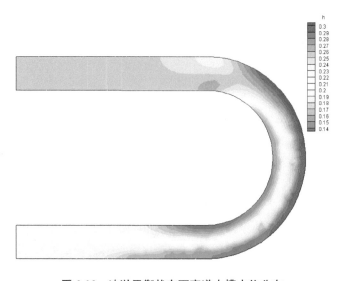

图 2.23　冲淤平衡状态下弯道水槽水位分布

图 2.24 给出了计算结束时,弯道段距左右两岸 0.34 m 处的纵剖面床面高程的测量值与计算值的对比。图中的横坐标与纵坐标均进行了无量纲的处理:横坐标为距弯道段进口的距离 L_r(0～7.85B 断面之间的区域为弯道段,7.85B 断面以下区域为下游直道段)与水槽宽度 B 的比值;纵坐标为水深 h 与初始水深 h_0 之比,比值大于 1,则表示水深增大,床面发生冲刷;比值小于 1,则表示水深减小,床面发生淤积。

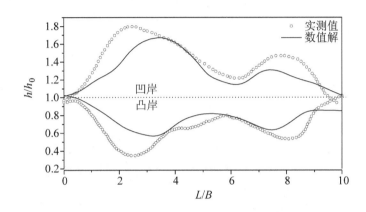

图 2.24 弯道水槽沿程纵剖面水深(凹岸、凸岸)计算值与实测值对比

由图 2.24 可以发现,在计算稳定之后,床面达到冲淤平衡的状态,整个弯道段也符合凹冲凸淤的规律,并且凹凸两岸的床面高程基本呈对称分布,这与试验的测量值相符。试验中弯道段河床高程变化最剧烈的地方发生在 2.5B 断面以及 8.5B 断面左右,计算结果与试验的测量值相比有些偏差,后者分别位于 3.5B 断面以及 7.5B 断面左右,前一个位置略微靠后而后一个位置略微靠前。但是在 6B 断面处,试验的测量值与计算值均达到了极值点,在凸岸处极为接近。考虑到水槽内的水深很小,计算值较小的波动可能会产生较大的误差。总的来讲,模型取得了良好的模拟效果,可以用来进行弯道段的河床变形计算。

为了继续研究弯道段的河床变形规律,继续选用了三级流量对该弯道进行了计算,如图 2.25 所示。三级流量分别是 0.17 m³/s、0.12 m³/s、0.17 m³/s,各级流量的计算时间均是 400 min,计算的下边界条件、初始条件、床面糙率以及进口推移质输沙率保持不变。

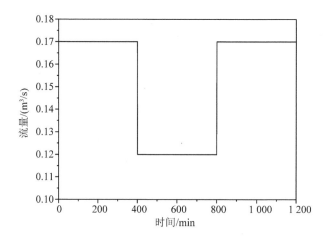

图 2.25 弯道水槽三级流量示意图

由图 2.26 可以发现，由于受到弯道二次流影响，各个横断面在每组流量下均表现为凸岸淤积、凹岸冲刷的趋势，符合弯道段凹冲凸淤的规律。计算至 400 min 末，受弯道二次流效应影响，断面横向坡度沿程增大，并在7.85B断面（弯道出口断面）处达到最大；计算至 800 min 末，由于进口流量减小，弯道二次流的影响减弱，除 4B 断面出现了全断面淤积以外，其他断面均出现了凸岸冲刷、凹岸淤积的情况；计算至 1 200 min 末，随着流量的恢复，弯道二次流效应再次增强，凹冲凸淤的现象再次出现，4B 至 6B 断面之间的区域出现了沿着凸岸分布的边滩以及沿着凹岸分布的深槽。

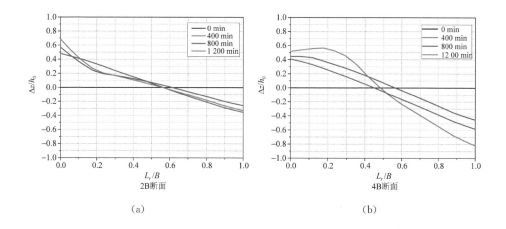

(a)   (b)

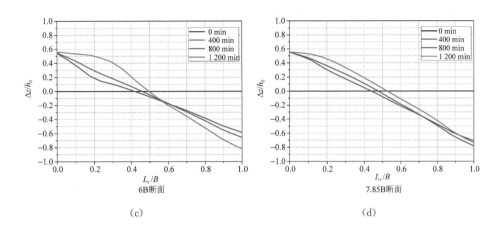

图 2.26 弯道水槽横断面沿程高程示意图

各断面在各级流量下的冲淤规律大体相同,但是冲淤程度却各不相同。从四个断面的计算结果来看,弯道螺旋流的强度在 4B 至 6B 断面之间的区域达到最大(横向地形变化幅度最大),在弯道进口段(4B 断面以上)以及出口段(6B 断面以下)则相对较小,关于弯道螺旋流的发展以及衰减规律有待进一步的研究。

2.15 本章小结

本章基于浅水方程以及非平衡泥沙输运理论建立了平面二维水沙输运与河床变形数学模型,并对所建立的模型进行了水动力以及河床变形的验证,验证结果表明该模型能够用于相关案例的计算。

具体地,模型采用 HLLC 近似黎曼求解器求解通过单元边界的数值通量;将河床坡度源项改写为计算单元各边通量之和的形式以满足数值格式的和谐性质;对摩阻源项采用了分裂隐式方法来进行处理;应用新型的多维数值重构技术以及二阶龙格-库塔法将模型的空间和时间精度同时提升至二阶;悬移质输运方程以及推移质输运方程中的对流通量项采用一阶迎风格式进行求解;悬移质输运方程中的扩散通量项转化为相邻单元形心处物理量的梯度进行求解;计算河床变形时采用了活动层模型,并考虑非黏性沙水下休止角的影响,对床面高程进行了校正。

本章在平面二维水沙输运及河床变形数学模型上取得的研究进展为:

(1)在水流计算方面,本章提出了一种新的二阶空间重构方法。该方法考虑了三角形计算单元的几何特点以及相邻计算单元的分布特征,相比于传统的数值重构方法,该方法计算稳定性更好,在不牺牲精度的前提下也能够提高计算效率。

(2)在河床变形计算方面,针对在传统的河床变形计算过程中,非黏性泥沙的水下休止角这一限制因素极少被考虑,导致了河床变形计算过程中的物理机制不够完善。在水沙条件变异情况下沙质河床的冲淤变形较大,计算过程中的床面高程可能出现非物理大坡度的情况,本章基于泥沙质量守恒定律与非黏性泥沙的物理性质提出了在非结构网格上的河床高程校正方法,该方法考虑了床面坡度在重力作用下的重构过程,符合河床变形的实际情况。

3

水沙变异条件下典型弯曲分汊河道演变过程的模拟计算——以窑监河道为例

3.1 计算区域网格的划分

窑监河道为长江中下游典型的弯曲分汊河道,由窑集佬、监利两段相邻水道组成。在天然情况下,窑监河道的平滩河宽约 1.4 km,最宽处约 3.2 km,最窄处约 1 km,平滩水位下的平均水深约 11 m;监利弯道段河心位置处有一高程为 30 m 左右的江心洲——乌龟洲,洲长约 7 km、洲宽约 2 km。乌龟洲将窑监河道分成左右两汊,目前,右汊(南泓)为主汊。窑监河道的平面二维水沙数学模型全长约 15 km,进口位于万家垸上游 1.6 km 处,出口位于庙岭。监利弯道段进口位于 2♯水文测验断面处(2006 年、2007 年观测断面),宽度约 1.6 km。模型进口距离弯道段进口约 4.8 km,长度符合弯道动力学要求的弯道进口宽度的 3~5 倍,保证了模型中水流进入弯道前呈均匀流状态。整个计算区域采用 Delaunay 型三角网格进行离散,共布置 18 411 个三角形单元,9 488 个节点。

窑监河道 2006 年 1 月的河势图以及计算网格的局部示意图如下：

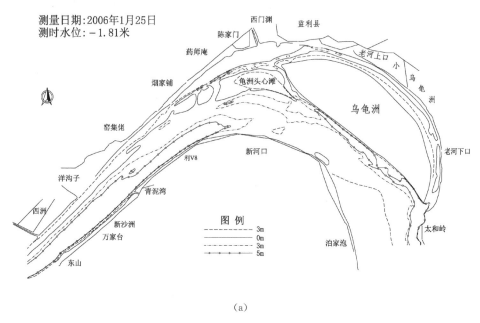

(a)

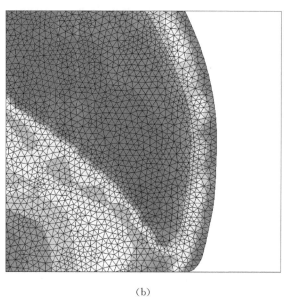

(b)

图 3.1　2006 年 1 月窑监河道河势与计算网格局部示意图

3.2 水位及流速分布验证

对窑监河道在洪、中、枯三级流量下的水面线及流速分布进行了验证。计算地形采用长江航道测量中心在 2006 年 1 月施测的地形。洪水流量采用 2003 年 9 月的实测值 30 500 m³/s；中水流量采用 2006 年 7 月的实测值 16 050 m³/s；枯水流量采用 2006 年 1 月的实测值 5 280 m³/s。

图 3.2 给出了 2003 年和 2006 年、2007 年的两组水文测验断面分布图，沿程均布置有 6 个水文检测断面，对左右两岸的水位分别进行观测。如图 3.2 所示，2003 年的水文检测断面从上游至下游编号依次为 0♯～5♯；2006 年、2007 年的水文检测断面从上游至下游编号依次为 1♯～6♯。所有水文检测断面左右两岸均布有水尺，2003 年左右，两岸布置的水尺编号依次为 0 L～5 L、0 R～5 R；2006 年、2007 年左右，两岸布置的水尺编号依次为 1 L～6 L、1 R～6 R。河道内除布置有沿岸的水尺外，还有监利水文站、龟洲头水尺，小乌龟洲水尺等。以下分别说明洪、中、枯三级流量下的水位和流速验证情况。

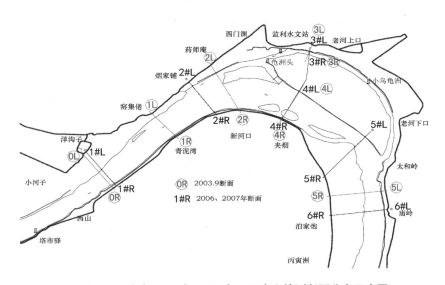

图 3.2　2003 年与 2006 年、2007 年两组水文检测断面分布示意图

3.2.1 枯水流量下的验证

枯水流量下的验证采用 2006 年 1 月 24 日的实测流量 5 280 m^3/s。计算地形采用 2006 年 1 月的实测地形。河道左岸沿程的水位验证情况如表 3.1 和图 3.3 所示。由图 3.3 可以发现,河道左岸沿程水面线的计算值与测量值吻合较好,从上游的 1 L 水尺至下游的 5 L 水尺,沿程水位的变化趋势基本一致。由表 3.1 可以发现,本次水位计算值的最大相对误差仅为 0.282%,发生在监利水文站处,该处计算的水位比测量值低了 0.064 m,符合《水运工程模拟试验技术规范》所规定的 ±0.1 m 的偏差范围。

表 3.1 枯水流量下左岸水尺处的测量水位与计算水位对比

	水尺编号	x(m)	y(m)	测量水位 (m)	计算水位 (m)	绝对误差 (m)	相对误差 (%)
左岸	1 L	385 993.53	3 294 571.7	23.111	23.143	0.032	0.138
	2 L	389 475.44	3 297 955.2	22.935	22.874	−0.061	0.266
	监利站	392 203.4	3 299 487.5	22.728	22.664	−0.064	0.282
	3 L	393 949.14	3 299 325	22.672	22.695	0.023	0.101
	4 L	393 468.41	3 297 614.8	22.568	22.551	−0.017	0.075
	5 L	396 002.34	3 295 686.7	22.221	22.227	0.006	0.027

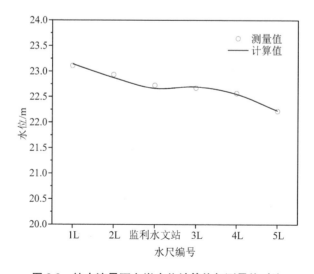

图 3.3 枯水流量下左岸水位计算值与测量值对比

枯水流量下河道右岸沿程的水位验证情况如表3.2及图3.4所示,由图表可以发现,河道左岸沿程水面线的计算值与测量值吻合较好,从上游的1R水尺至下游的5R水尺,计算的绝对误差均保持在±0.1 m的范围内,相对误差的最大值仅为0.289%,发生在龟洲头水尺处。可见在枯水流量条件下,水位的计算值比较准确。

表3.2 枯水流量下右岸水尺处的测量水位与计算水位对比

水尺编号		x(m)	y(m)	测量水位(m)	计算水位(m)	绝对误差(m)	相对误差(%)
右岸	1 R	386 518.75	3 293 910.4	23.104	23.121	0.017	0.074
	2 R	390 318.13	3 296 856.4	22.897	22.856	−0.041	0.179
	龟洲头水尺	392 403.29	3 298 796.6	22.81	22.876	0.066	0.289
	4 R	392 936.95	3 296 552	22.581	22.603	0.022	0.097
	5 R	394 884.9	3 294 447.1	22.226	22.214	−0.012	0.054

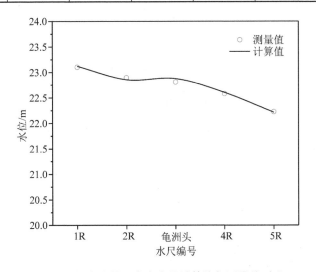

图3.4 枯水流量下右岸水位计算值与测量值对比

图3.5~3.8给出了枯水流量下该河道1#、2#、4#及5#水文检测断面上流速分布的计算值与测量值的对比。可以发现,水流动力轴线受到河道弯曲以及床面高程分布的影响而左右摆动,不管是测量值还是计算值,沿程各断面上最大流速的发生位置均有很明显的左右摆动过程:1#与2#断面最大流速出现在右岸;4#与5#断面最大流速出现在左岸。在监利弯道段上游

的1♯和2♯水文断面,主流近右岸;在乌龟洲右汊的4♯和5♯水文断面,主流受到凸岸边滩的影响而偏向左岸;至乌龟洲下游,左右两汊的水体汇流而主流逐渐恢复至断面中心处。根据图3.5~3.8的流速计算值可以发现,模型较好地复现了水流动力轴线左右摆动的过程,各断面上流速计算值的变化趋势基本与测量值保持一致,除个别测点外,大部分吻合较好,流速计算值的最大偏差出现在4♯断面,测量的流速值为1.16 m/s,计算的流速值为1.88 m/s,偏差0.72 m/s,其余所有断面上流速值的计算偏差均保持在±0.2 m/s以内。

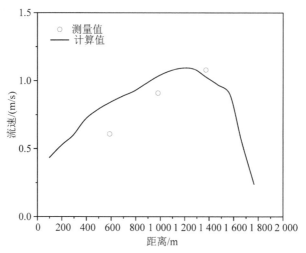

图3.5 枯水流量下1♯水文断面流速计算值与测量值对比

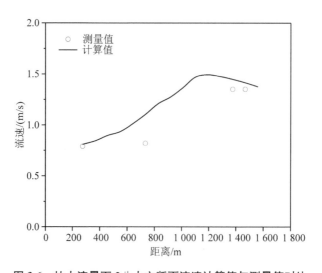

图3.6 枯水流量下2♯水文断面流速计算值与测量值对比

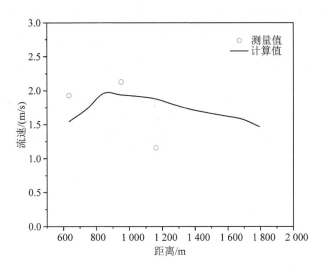

图 3.7 枯水流量下 4♯ 水文断面流速计算值与测量值对比

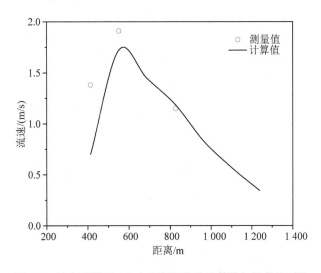

图 3.8 枯水流量下 5♯ 水文断面流速计算值与测量值对比

3.2.2 中水流量下的验证

中水流量下的水位与流速分布验证采用 2006 年 7 月 22 日的实测流量 16 050 m³/s,计算地形采用 2006 年 1 月的实测地形。河道左岸沿程的水位验证情况如表 3.3 和图 3.9 所示。由图 3.9 可以发现,在监利弯道段左右两汊的 3 L 和 4 L 水尺处,水位计算值略微偏大;在监利弯道上下游的水尺处,水位计算值总体偏小。从上游的 1 L 水尺至下游的 5 L 水尺,沿程水位的变化趋势基本与测量值保持一致。由表 3.3 可以发现,本次水位计算值的最大相对误差仅为 0.426%,发生在 2 L 水尺处,其计算的水位比测量的水位偏低 0.133 m。除 1 L 和 2 L 水尺之外,其余水尺处的水位计算值与测量值的偏差均保持在《水运工程模拟试验技术规范》所规定的 ±0.1 m 的偏差范围以内。

表 3.3 中水流量下左岸水尺处的测量水位与计算水位对比

水尺编号		x(m)	y(m)	测量水位 (m)	计算水位 (m)	绝对误差 (m)	相对误差 (%)
左岸	1 L	385 993.53	3 294 571.7	31.458	31.341	−0.117	0.372
	2 L	389 475.44	3 297 955.2	31.256	31.123	−0.133	0.426
	监利站	392 203.4	3 299 487.5	31.148	31.077	−0.071	0.228
	3 L	393 949.14	3 299 325	31.096	31.152	0.056	0.178
	4 L	393 468.41	3 297 614.8	31.098	31.141	0.043	0.137
	5 L	396 002.34	3 295 686.7	30.991	30.932	−0.059	0.191

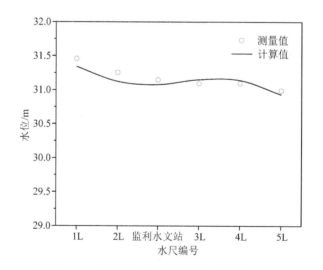

图 3.9 中水流量下左岸水位计算值与测量值对比

中水流量下河道右岸沿程的水位验证情况如表 3.4 和图 3.10 所示。由图 3.10 可以发现,河道右岸沿程水面线的计算值与测量值吻合较好。水位计算值的最大相对误差仅为 0.305%,发生在监利弯道段进口处的 2 R 水尺处,并且所有水尺处的水位计算值与测量值的偏差均稳定在±0.1 m的范围以内,沿程水面线的变化趋势也基本与测量值吻合。可见在中水流量条件下,水位的计算值比较准确。

表3.4　中水流量下右岸水尺处的测量水位与计算水位对比

水尺编号		x(m)	y(m)	测量水位 (m)	计算水位 (m)	绝对误差 (m)	相对误差 (%)
右岸	1 R	386 518.75	3 293 910.4	31.472	31.534	0.062	0.196
	2 R	390 318.13	3 296 856.4	31.232	31.137	−0.095	0.305
	龟洲头水尺	392 403.29	3 298 796.6	31.122	31.179	0.057	0.182
	4 R	392 936.95	3 296 552	31.094	31.12	0.026	0.083
	5 R	394 884.9	3 294 447.1	30.967	30.922	−0.045	0.146

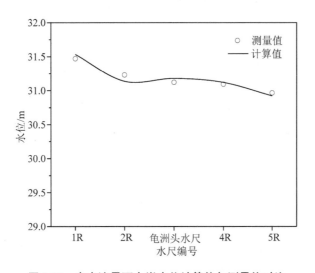

图3.10　中水流量下右岸水位计算值与测量值对比

图3.11～3.14给出了中水流量下河道沿程1♯、2♯、4♯及5♯水文检测断面上流速分布的计算值与测量值的对比。与枯水流量下的断面流速分布相比,中水流量条件下的水流动力轴线摆动幅度明显变小。除4♯水文断面之外,沿程其余各断面测点上流速的计算值均与测量值吻合较好,变化趋势

也基本保持一致。4♯水文断面上流速计算值与测量值的最大偏差为
0.159 m/s,其余测点流速计算值与测量值的偏差基本均保持在±0.15 m/s
以内。

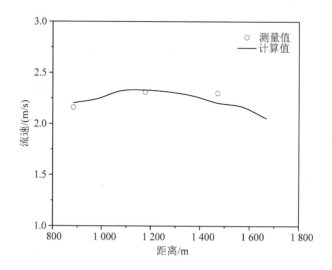

图 3.11　中水流量下 1♯ 水文断面流速计算值与测量值对比

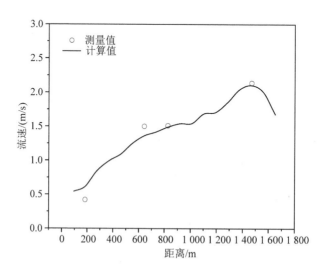

图 3.12　中水流量下 2♯ 水文断面流速计算值与测量值对比

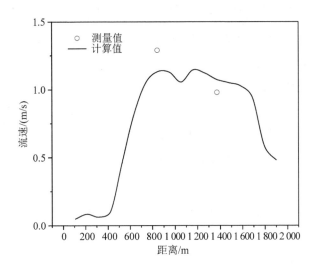

图 3.13　中水流量下 4♯水文断面流速计算值与测量值对比

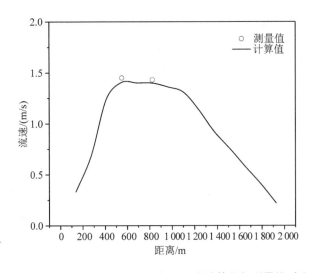

图 3.14　中水流量下 5♯水文断面流速计算值与测量值对比

3.2.3　洪水流量下的验证

洪水流量下的验证采用 2003 年 9 月的实测流量 30 500 m³/s,计算地形采用 2006 年 1 月的实测地形。河道左岸沿程的水位验证情况如表 3.5 和图 3.15 所示。需要注意的是,与枯水和中水流量下的水位和流速分布的验证不同,由于洪水流量采用的是 2003 年 9 月的实测流量,其对应的水文检测断面采用是图 3.2 所示的红色断面,编号依次是 0♯～5♯,左右两岸的水尺编号依次是 0～5 L 以及 0～5 R。

表 3.5 以及图 3.15 给出了在洪水流量条件下窑监河道左岸沿程水位的计算值与测量值的对比情况。由图 3.15 可以发现,河道左岸沿程水位的计算值与实际的测量值吻合较好,变化规律也基本保持一致,两者的偏差极小。由表 3.5 可以发现,水位计算值与测量值的最大偏差发生在乌龟洲左汊的 3 L 水尺处,该处的水位计算值比测量值偏低 0.059 m。本次水位验证中,所有的水位计算值与测量值之间的偏差均在 ±0.1 m 的范围内,最大相对误差仅为 3 L 水尺处的 0.186%。

表 3.5　洪水流量下左岸水尺处的测量水位与计算水位对比

水尺编号		x(m)	y(m)	测量水位 (m)	计算水位 (m)	绝对误差 (m)	相对误差 (%)
左岸	1 L	388 004.03	3 296 656.9	32.093	32.075	−0.018	0.057
	2 L	390 266.41	3 298 609.7	32.008	32.029	0.021	0.066
	3 L	393 922.71	3 299 301.5	31.907	31.848	−0.059	0.186
	5 L	396 625.89	3 293 437.2	31.641	31.607	−0.034	0.107

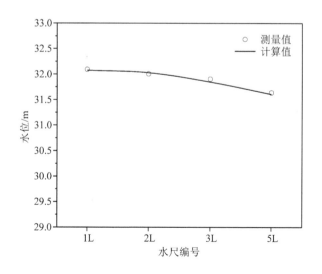

图 3.15　洪水流量下左岸水位计算值与测量值对比

洪水流量下河道右岸沿程的水位验证情况如表3.6和图3.16所示。由图表可见,河道右岸沿程水面线的计算值与测量值吻合较好,从上游的1R水尺至下游的5R水尺,水位的计算值与测量值之间的绝对误差均保持在±0.1m的范围内,相对误差的最大值仅为0.169%,发生在下游的5R水尺处,因此在洪水流量条件下的水位计算比较准确。

表3.6 洪水流量下右岸水尺处的测量水位与计算水位对比

水尺编号		x(m)	y(m)	测量水位(m)	计算水位(m)	绝对误差(m)	相对误差(%)
右岸	1 R	388 814.88	3 295 809.5	32.061	32.042	−0.019	0.058
	2 R	391 235.79	3 296 897.6	31.953	31.98	0.027	0.084
	4 R	392 884.16	3 296 490.7	31.86	31.905	0.045	0.142
	5 R	395 571.28	3 293 337	31.656	31.71	0.054	0.169

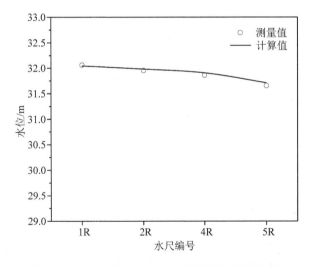

图3.16 洪水流量下右岸水位计算值与测量值对比

图3.17～3.19给出了洪水流量下河道沿程1♯、2♯以及4♯水文检测断面上流速分布的计算值与测量值对比。与中水流量下的断面流速分布相比,洪水流量条件下流速最大值基本均位于断面中间位置,表明了随着流量的增大,水流动力轴线的摆动幅度进一步减小。1♯和2♯水文断面上的流速计算

值与测量值吻合较好,4♯水文断面上的流速计算值与测量值吻合较差,但横向分布规律基本与测量值保持一致。4♯水文断面上流速计算值与测量值之间的最大偏差为 0.25 m/s,1♯和 2♯水文断面上流速计算值与测量值之间的偏差基本保持在±0.2 m/s 以内。

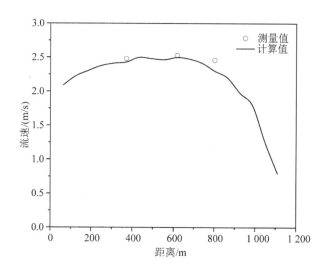

图 3.17　洪水流量下 1♯水文断面流速计算值与测量值对比

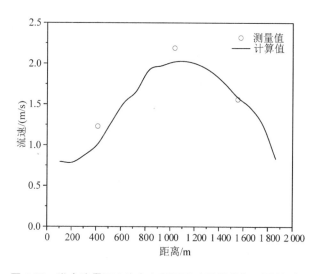

图 3.18　洪水流量下 2♯水文断面流速计算值与测量值对比

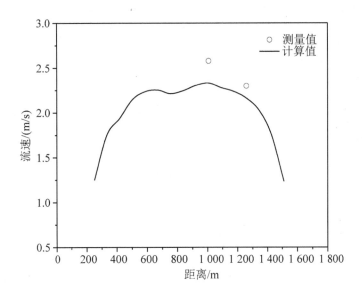

图 3.19   洪水流量下 4♯水文断面流速计算值与测量值对比

3.3   两汊分流比验证

　　江心洲两汊分流比的相对大小对分汊河道平面形态的塑造有重大意义。从窑监河道的历史演变情况来看,其主汊在乌龟洲左汊和右汊之间交替变换,但在 1995 年该河道主流恢复走右汊以后,右汊为主汊的河势就没有发生过改变。本节对不同流量级下两汊分流比进行了验证。表 3.7 给出了洪、中、枯三级流量下乌龟洲两汊分流比的测量值与计算值的对比。

　　由表 3.7 可见,不同流量级下左汊分流比均很小,右汊分流比均比较大。右汊分流比在枯水流量下达到最大,其计算值与测量值均超过了 96%。中水流量下的左汊分流比最大。在中水和洪水流量下,右汊分流比有所减小,但是也占了 90% 以上。不同流量级下左右两汊分流比的计算值与实测值相比,最大误差仅为 -0.92%,出现在中水流量条件下,符合《水运工程模拟试验技术规范》规定的 ±5% 的偏差范围。

表 3.7　乌龟洲左右两汊分流比计算值与测量值对比

流量 （m³/s）	施测时间	左汊			右汊		
		实测（%）	计算（%）	偏差（%）	实测（%）	计算（%）	偏差（%）
5 280	2006 年 1 月	3.8	3.58	−0.22	96.2	96.42	0.22
16 050	2006 年 7 月	8.96	9.88	0.92	91.04	90.12	−0.92
30 500	2003 年 9 月	8.12	8.72	0.6	91.88	91.28	−0.6

注：分流比与分沙比计算值取自（2006、2007 年的）3♯ 与 4♯ 水文检测断面。

3.4　河床变形验证

　　河床变形验证中计算的初始地形选用 2006 年 1 月的实测地形，计算时长为一年半，即计算至 2007 年 7 月，把计算时段末的床面高程与实测的 2007 年 7 月床面高程进行对比。图 3.20 为监利水文站 2006 年 1 月—2007 年 7 月的流量过程线，每天划分一个流量级。2006 年平均流量为 8 660 m³/s，平均含沙量为 0.117 kg/m³，其中 1 月份至 7 月份为涨水过程，汛期最大流量达到 23 000 m³/s，7 月份之后流量逐渐减小，最小流量仅为 4 000～5 000 m³/s。图 3.21 为模型出口庙岭处的水位变化过程。图 3.22～3.23 给出

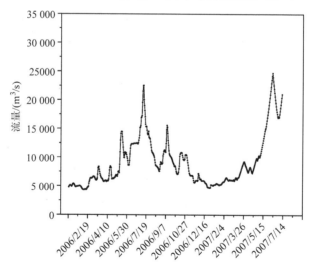

图 3.20　监利水文站 2006 年 1 月—2007 年 7 月流量变化过程

了 2006 年 1 月—2007 年 1 月四次水文测验期间窑监河段平均悬移质、床沙质颗粒的级配曲线。由图可以发现,该河段床沙粒径较细且分布比较均匀,集中在 0.125～0.355 mm 之间,中值粒径为 0.20 mm,属于细砂。悬移质粒径在枯水时相对较粗,2006 年 1 月、2006 年 10 月、2007 年 1 月,中值粒径为 0.15～0.18 mm,测验期间流量为 4 452～10 059 m³/s,中洪水时相对较细,2006 年 7 月,中值粒径为 0.06 mm,测验期间流量为 16 050 m³/s。

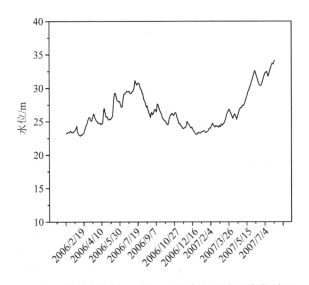

图 3.21　庙岭 2006 年 1 月—2007 年 7 月水位变化过程

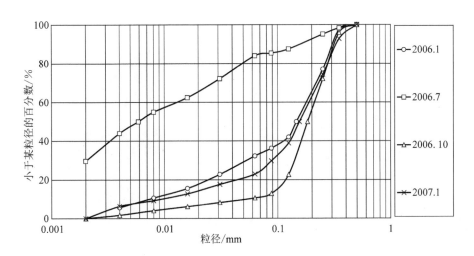

图 3.22　窑监河道悬移质级配曲线

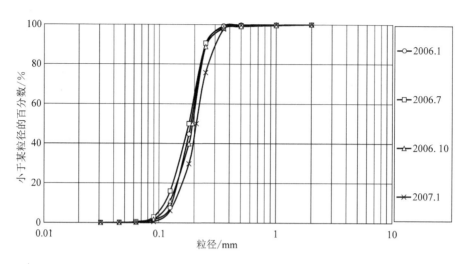

图 3.23　窑监河道河床质级配曲线

　　图 3.24 给出了 2006 年 1 月窑监河道的实测地形,即本次河床变形验证计算的初始地形。图 3.25 与图 3.26 分别给出了 2007 年 7 月的实测地形以及计算地形。对比图 3.24 与图 3.25 可以发现,从 2006 年 1 月至 2007 年

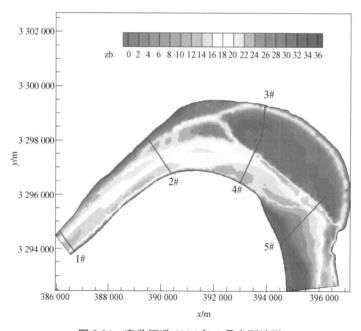

图 3.24　窑监河道 2006 年 1 月实测地形

7月一年半的时间内,在1#水文检测断面下游的洋沟子边滩,即窑集脑直道段左岸的边滩,发生一定程度的淤积,洋沟子边滩右侧的主槽发生一定程度的冲刷。弯道段进口处右岸的新河口边滩冲刷后退,右汊乌龟夹主槽向上游延伸。乌龟洲右汊进口心滩前缘冲刷,下侧淤积,滩体向河道左岸以及下游延伸,并且向乌龟洲洲头靠近。这段时间内淤积部位主要集中在乌龟洲右汊进口上段的河心位置,该区域内浅滩交错的河势不断恶化。乌龟洲洲体右岸冲刷,新河口边滩头部及左缘中上段冲刷后退,右汊河道展宽。乌龟洲右汊出口处的丙寅洲中部边滩持续冲刷,乌龟洲左汊呈微淤状态,洲尾以下的大马洲水道主槽与边滩均呈冲刷趋势。

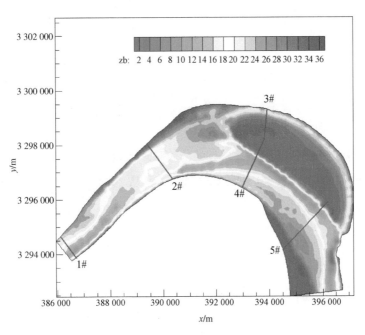

图 3.25　窑监河道 2007 年 7 月实测地形

图 3.26 给出了计算一年半后窑监河道的床面高程分布,图 3.27～3.31 分别给出了窑监河段 1#～5#水文检测断面上河床高程分布的计算值、与测量值的对比。需要注意的是,由于本次河床变形验证计算时长为一年半,不是一个完整的水文年,计算时段末的地形与 2006 年 1 月的初始地形相差较大。

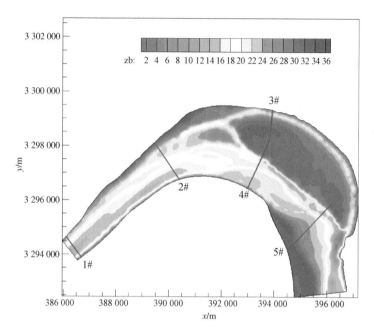

图 3.26　窑监河道 2007 年 7 月计算地形

　　1#水文断面位于模型进口处的窑集脑直道段上游。该段河道左侧为洋沟子边滩,右侧为主槽。由图 3.27 可以发现,从 2006 年 1 月至 2007 年 7 月,

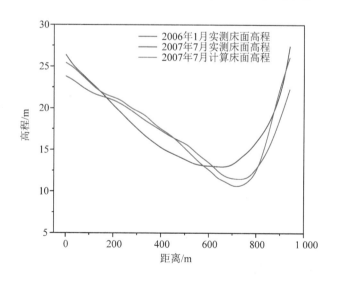

图 3.27　1#水文断面计算床面高程与实测高程对比

右侧主槽呈冲刷趋势,洋沟子边滩呈现左冲右淤的状态,并且淤积的范围较大。对比2007年7月1♯水文断面床面高程的计算值与实测值可以发现,床面高程计算值的整体冲淤位置分布与实测值基本吻合,洋沟子边滩的淤积量以及右侧主槽的冲刷量略微偏大。

2♯水文断面位于监利弯道段进口的烟家铺处。该处左岸边滩与洋沟子边滩连成一片,在一定程度上限制了主流向左岸的发展。由图3.28可以发现,从2006年1月至2007年7月,该断面处左侧边滩持续冲刷而右侧主槽持续淤积,窑集佬水道的主流向左岸摆动,最终导致乌龟洲右汊进口段存在洲头心滩深槽和新河口深槽两个深槽,不利于该区域内航深的维持。

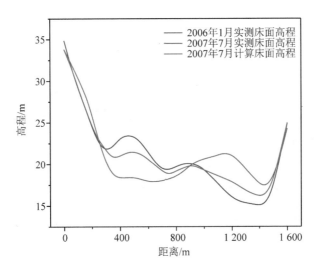

图3.28 2♯水文断面计算床面高程与实测高程对比

对比2007年7月2♯水文断面床面高程的计算值与实测值可以发现,床面高程计算值的整体冲淤位置分布与实测值基本吻合,只是左岸边滩的冲刷程度以及右侧主槽的淤积程度均比2007年7月的实测值偏小。

3♯水文断面位于乌龟洲左汊进口处。由于洋沟子至烟家铺附近的左岸分布有边滩,并且滩体整体向河道左岸以及下游延伸,进一步限制了主流向乌龟洲左汊的流动,导致了左汊均呈现微淤的状态。由图3.29可以发现,乌龟洲左汊床面高程计算值整体也是呈淤积趋势,只是淤积程度比实测值略微偏大。

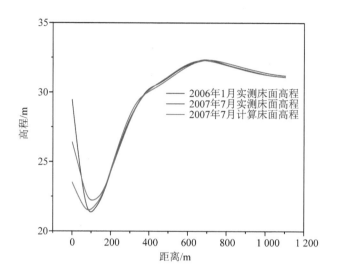

图 3.29　3♯水文断面计算床面高程与实测高程对比

　　4♯水文断面位于乌龟洲右汊的新河口边滩的上半段。该断面左岸为乌龟洲右边界,从 2006 年 1 月至 2007 年 7 月一直处于冲刷后退状态;右岸新河口边滩以及主槽也处于冲刷状态。对比 2007 年 7 月 4♯水文断面床面高程的计算值与实测值可以发现,床面高程的计算值整体也处于冲刷状态,与实测值相吻合,主槽以及新河口边滩的冲刷程度偏小,但断面上沿程的高程变化趋势与实测值基本吻合。

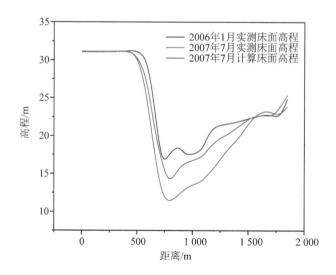

图 3.30　4♯水文断面计算床面高程与实测高程对比

图 3.31 给出了 5♯水文断面河床高程的计算值与实测值的对比,与 4♯水文断面类似,该断面整体也呈冲刷状态,且右岸边滩的冲刷程度大于左岸的乌龟洲右边界。2007 年 7 月 5♯水文断面床面高程的计算值与实测值相比,冲刷程度略微偏小,冲刷位置基本与实测值相吻合。该断面右岸边滩也出现了部分冲刷部分淤积的情况,这点也与 2007 年 7 月床面高程的实测值相符。

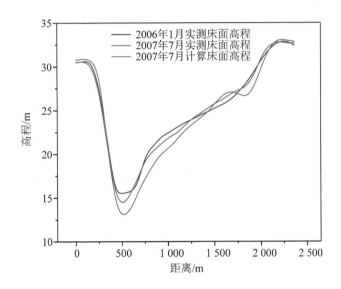

图 3.31　5♯水文断面计算床面高程与实测高程对比

除 2♯水文断面以外,其余 4 个水文断面床面高程的计算值与实测值均比较接近,冲淤部位也吻合较好。

3.5　窑监河道的河床变形计算和演变趋势预测

长江上游的梯级水利枢纽以及三峡工程修建以后的很长时间段,进入中下游的水沙过程发生变化,尤其是含沙量在水库运用的初中期改变很大,水沙条件的变异对长江中下游河段的水沙输运与河床演变趋势将产生深远影响。为了比较不同来水来沙条件对窑监河道的冲淤影响,下文采用两种计算工况：对窑监河道进行河床变形计算与演变趋势预测，上游建库减沙工况（考虑长江上游溪洛渡、向家坝、亭子口等水利枢纽的建设对下游河道减沙的影响），以及清水冲刷极限工况。

3.5.1 上游建库减沙工况的预测计算

考虑长江上游溪洛渡、向家坝和亭子口等水利枢纽的建设对窑监河道含沙量的影响，将三峡工程初设阶段所采用的 1961—1970 年水沙系列（60 水沙系列）进行减沙处理后作为模型的边界条件进行计算。计算时间为 2006 年 1 月—2025 年 12 月，共 20 年，且每年划分一个流量级进行计算。图 3.32 给出了 2006 年 1 月—2025 年 12 月的流量变化过程线，其与60 水沙系列保持一致。模型出口庙岭处的水位变化过程根据水位—流量关系曲线推求，如图 3.33 所示。图 3.34 为 2006 年 1 月—2025 年 12 月的进口边界含沙量变化过程线。对 60 水沙系列进行减沙处理的具体过程为：2006—2012 年期间，上游建库减沙工况的流量、含沙量与 60 水沙系列保持一致；2013—2025 年期间，上游建库减沙工况的含沙量取 60 水沙系列含沙量的 0.8，流量与 60 水沙系列一致并保持不变。计算初始地形选用2006 年 1 月的实测地形。

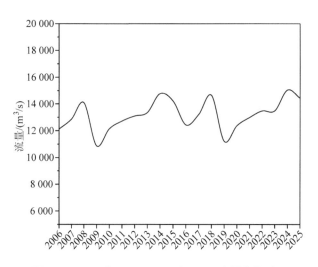

图 3.32 2006 年 1 月—2025 年 12 月流量变化过程

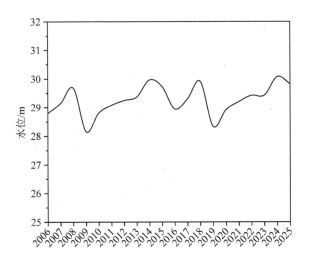

图 3.33　2006 年 1 月—2025 年 12 月水位变化过程

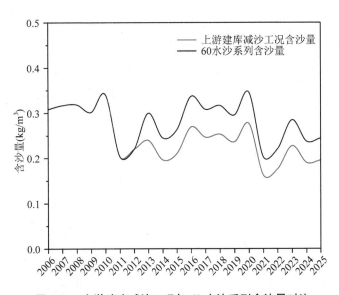

图 3.34　上游建库减沙工况与 60 水沙系列含沙量对比

图 3.35～3.39 分别给出了计算初始时刻以及计算 5 年、10 年、15 年、20 年之后的床面高程分布图。

对比图 3.35 与图 3.36 可以发现,计算至 5 年以后,窑集佬直道段左岸洋沟子边滩由于位于河道的局部放宽段而不断淤积,右侧主槽受边滩淤积的影

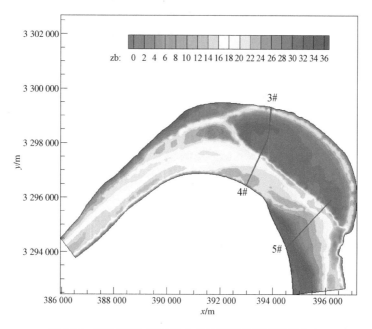

图 3.35　窑监河道 2006 年 1 月计算初始床面高程分布

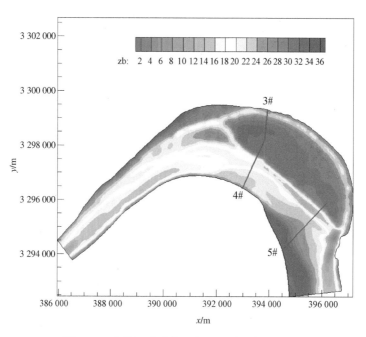

图 3.36　窑监河道计算 5 年之后床面高程分布

响宽度略有缩小,其受冲刷的影响床面高程略有减小;在乌龟洲右汊进口段,新河口右岸边滩前缘不断冲刷后退,进口位置处的浅滩受冲刷影响高程略有下降而范围逐渐扩大。如图 3.36 所示,计算至 5 年以后,窑监河道的重点淤积区域位于乌龟洲右汊上段的河心位置。随着乌龟洲右缘的冲刷,在乌龟洲右汊进口段形成的交错浅滩继续发展,要使该河段形成稳定航槽需采取相关的工程措施;乌龟洲下游大马洲河段的主槽与丙寅洲中部边滩均呈冲刷趋势。

对比图 3.35 与图 3.37 可以发现,计算至 10 年以后,窑集佬直道段左岸洋沟子边滩持续淤积,淤积范围不断扩大,进一步挤压右侧主槽的宽度。该河段受上游建库影响,这段时间内来水来沙条件有所改变。窑集佬直道段右岸的边滩出现淤积,使得该河段主槽的局部区域床面高程抬高,可能会有碍航的情况发生。这段时间内进口位置处的浅滩体积与位置变化不明显,主要的碍航区域仍然位于乌龟洲右汊上段河心位置处的交错浅滩,而交错浅滩上下游的两个深槽均呈冲刷趋势。乌龟洲下游主流切割凸岸的丙寅洲中部边滩,冲刷程度加剧。

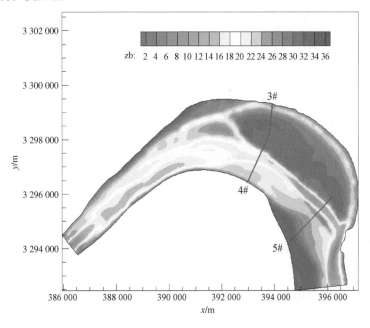

图 3.37 窑监河道计算 10 年之后床面高程分布

对比图 3.35 与图 3.38 可以发现,计算至 15 年以后,河道主汊仍然保持在乌龟洲右汊,主支汊的河势没有改变,但是河道上游的窑集佬水道和下游的大马洲水道均受边滩范围扩大的影响,导致主流方向逐渐弯曲,窑集佬水道的主槽较为明显地出现了上下游两个深槽。这段时间内窑监河道主要的碍航区域仍然位于乌龟洲右汊上段河心位置处的交错浅滩。

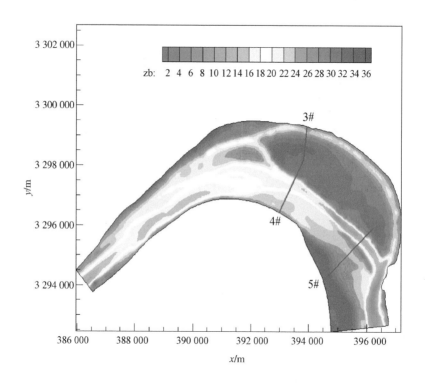

图 3.38　窑监河道计算 15 年之后床面高程分布

对比图 3.35 与图 3.39 可以发现,计算至 20 年以后,窑监河道的主汊仍在乌龟洲右汊,河势变化不大。窑集佬水道左右两岸边滩的范围进一步扩大。随着左岸洋沟子边滩向下游的进一步发展,该水道右侧的主槽宽度进一步缩小,并且明显出现了三个深槽。乌龟洲右汊上段河心位置处的交错浅滩仍然是该河段主要的碍航区域。乌龟洲洲头位置处床面高程变化不大而洲尾处局部区域出现了一定程度的淤积。

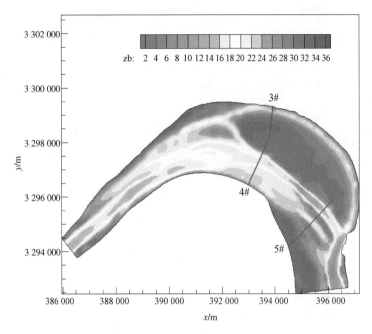

图 3.39 窑监河道计算 20 年之后床面高程分布

图 3.40～3.42 分别给出了窑监河段 3#、4# 以及 5# 水文断面河床高程计算值与实测值的对比。

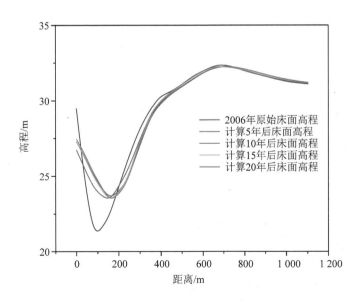

图 3.40 3# 水文断面床面高程变化过程

如图 3.40 所示,3♯水文断面位于乌龟洲左汊进口处,断面右侧为乌龟洲洲体的右边界。由于窑监河道左岸洋沟子至烟家铺附近分布有边滩,加之乌龟洲右汊上段河心位置处交错浅滩的存在限制了主流向乌龟洲左汊的流动,导致了左汊呈微淤的状态。由图 3.40 可以发现,在计算初期,左汊的淤积程度较大,并且乌龟洲左缘有冲刷后退的趋势。但是随着计算时间的增加,左汊的淤积程度越来越小,计算 15 年之后,左汊的床面高程基本稳定,河床冲淤达到平衡状态。

如图 3.41 所示,4♯水文断面位于乌龟洲右汊进口的新河口边滩的上半段,该断面左侧乌龟洲洲体的右边界,右侧为位于凸岸侧的新河口边滩。由图 3.41 可以发现,该断面整体呈微冲状态,且河床高程变化幅度较小。计算至 5 年之后,乌龟洲洲体右缘以及新河口边滩上半段冲刷后退,主槽呈微冲趋势,原本的“W”型断面形态变成“U”型;计算至 10 年之后,乌龟洲洲体右缘继续冲刷,新河口边滩上半段略有回淤,主槽继续冲刷,但是幅度很小;计算至 15 年之后,右汊进口段的床面高程分布基本稳定,河床冲淤达到平衡状态。

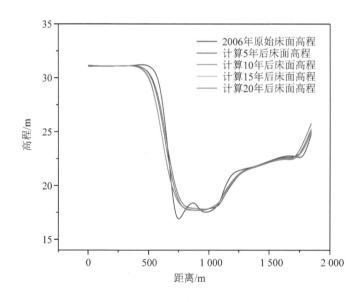

图 3.41　4♯水文断面床面高程变化过程

图 3.42 给出了 5♯水文断面河床高程计算值与实测值的对比。该断面位于乌龟洲右汊下游,左侧为乌龟洲洲体右边界,右侧为丙寅洲中部边滩。由图 3.42 可以发现,与 4♯水文断面类似,该断面主槽整体也呈冲刷状态,但是受主流向右摆动的影响,该断面处的乌龟洲洲体右缘呈淤积前移趋势。此外,受主流右摆的影响,与 4♯水文断面处的新河口滩相比,丙寅洲中部边滩冲淤变化幅度较大,但冲淤位置基本固定不变。由图 3.42 可以发现,计算至 5 年之后,乌龟洲右汊下游的航道主槽冲刷下切,主槽两侧的乌龟洲洲体和边滩均呈淤积的状态;计算至 10 年之后,主槽继续冲刷下切,乌龟洲洲体和边滩继续淤积,并且冲刷和淤积的强度相比 5 年之前要大得多;计算至 15 年之后,主槽部分回淤,床面高程相比之前有所抬升。乌龟洲洲体右缘冲淤幅度不大,位置基本保持不变,而丙寅洲中部边滩受主流右摆的影响,床面呈现冲淤位置交替分布的形态;计算至 20 年之后,主槽呈微淤状态,乌龟洲洲体右缘位置稍有前移,表明在乌龟洲右汊下游,主流向右岸摆动的幅度越来越大,导致了右岸丙寅洲中部边滩的部分区域被持续冲深,冲深处两侧的淤积幅度也越来越大,直至边滩被水流切割而一分为二。

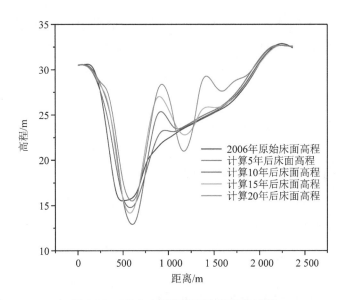

图 3.42 5♯水文断面床面高程变化过程

三峡水利枢纽在兴建后的很长的时间段内,使进入长江中下游的水沙过程发生变化。水沙条件的变化对中下游河道内的水沙输运和河床变形将产生较大的影响。在水库运用的初中期,水流含沙量的大幅度减小,长江中游河床冲刷、水位下降,三口分流减少,下荆江流量增加。流量变化幅度减小,中水时间增加,高尖洪峰被调平,最小流量增加,最大流量减小,水流动力轴线的摆动幅度有所减小,这都为边滩冲刷提供了水动力条件,同时也有利于乌龟洲右汊的稳定与发展。

如图 3.40～3.42 所示,三峡水利枢纽蓄水运行之后,窑监河道上游的窑集佬直道段水道内主流摆动空间增大,该河段内有出现崩岸的可能性,且断面向宽浅方向转化;窑监段分汊河道的左汊逐渐淤积,但是淤积幅度不大,不会彻底萎缩,而右汊整体呈现冲刷趋势,所以该河段的分汊河势总体朝着稳定的方向发展,即短汊的发展速度相对更快,原本短汊为主汊的地位进一步得到了巩固。计算至 20 年之后,乌龟洲下游凸岸的丙寅洲中部边滩受低含沙量水流冲刷明显,出现了撇弯切滩的现象。凸岸边滩遭冲刷后难以恢复,滩槽格局与断面形态发生明显调整,断面形态由"V"型向双槽"W"型转化。

根据 20 年的计算结果来看,由于窑监河道岸线稳定,且上游河势稳定,本河段的总体河势不会发生大的改变,河段内滩槽的平面位置也不会发生大的改变。乌龟洲将作为主汊继续存在,左汊将进一步淤塞,但不会彻底堵塞和衰亡。乌龟洲右汊逐渐向宽浅型发展,同时两汊分流口门处的交错浅滩将继续存在。本河段航道维护困难的局面不会根本改变,仍然是长江中游碍航的"瓶颈"。因此,须在采取常规维护措施的前提下,辅以必要的束水攻沙措施,封堵部分槽口,缩窄过水断面,集中水流归槽,从而达到改善乌龟夹进口航道条件、在一定程度上缓解该段航道维护压力的目标。

3.5.2　清水冲刷极限工况的预测计算

长江上游的梯级水利枢纽及三峡工程修建以后,进入长江中下游的水沙过程发生了明显变化,各站含沙量大幅减少。受沿程河床的冲刷补给以及支流入汇等因素的影响,下游河道沿程的输沙量随距离的增加得到一定程度的恢复(如图 3.43 所示)。但是在下泄低含沙量水流的长期作用下,坝下河道逐渐完成粗化,冲淤逐渐趋于相对平衡,长江中下游河道的泥沙补给量逐渐减少,直至泥沙补给为 0 的极限状态。在清水冲刷的极限状态下,长江中下游河道尤其是荆江河段的河势必然会发生剧烈的变化。本节考虑这种极限冲刷的情况,对窑监河道进行了 10 年的模拟计算,计算初始地形为上游建库减沙工况下预测计算的终止地形(如图 3.46 所示),计算时间为 2026 年 1 月—2035 年 12 月,进口含沙量的值取为 0,流量过程与出口水位过程与上游建库减沙工况保持一致,分别如图 3.44、图 3.45 所示。

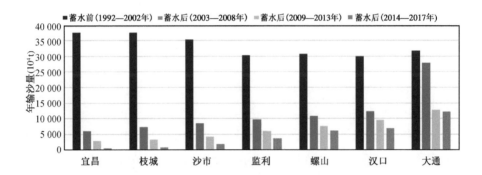

图 3.43 三峡水库下游河道沿程各站输沙量变化趋势

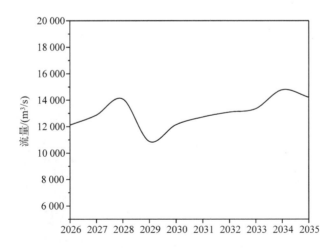

图 3.44 2026 年 1 月—2035 年 12 月流量变化过程

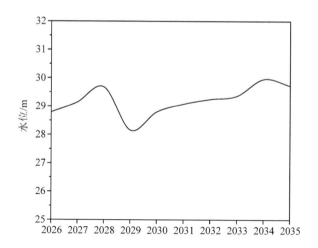

图 3.45　2026 年 1 月—2035 年 12 月水位变化过程

图 3.46～3.48 分别给出了清水冲刷极限工况下初始时刻以及计算 5 年、10 年之后的床面高程分布。

对比图 3.46 与图 3.47 可以发现，计算至 5 年以后，窑监河道上段窑集佬直道段左右两岸的边滩在清水冲刷作用下逐渐向下游以及主槽侧发展，主槽

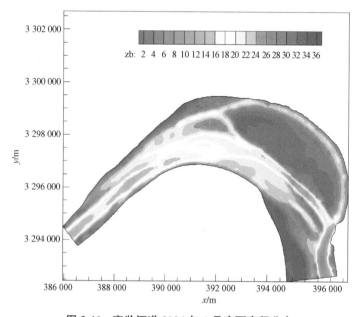

图 3.46　窑监河道 2026 年 1 月床面高程分布

受两侧边滩扩张挤压的影响,宽度逐渐缩小而床面高程逐渐抬升,该直道段内的断面逐渐向宽浅方向发展。乌龟洲右汊进口处右岸的新河口边滩前缘继续冲刷后退,进口处的交错浅滩受清水冲刷影响高程降低、范围不断扩大,并逐渐向乌龟洲洲头心滩靠拢;河道左岸的烟家铺边滩受清水冲刷的影响不断下移,与乌龟洲洲头心滩的距离进一步缩短。受以上两点的影响,主流向左汊的流动受到一定程度的抑制。可以发现,在计算至 2030 年末的时候,乌龟洲左汊的上半段开始出现淤积堵塞的情况;乌龟洲右汊下半段的丙寅洲中部边滩继续被水流切割,并且切割出的江心洲逐渐向乌龟夹主槽侧移动,乌龟夹主槽受其挤压宽度逐渐缩小,该处水流的分散又导致了乌龟夹主槽内出现了淤积,主槽的床面高程逐渐抬升,水深不断减小,有可能出现碍航的不利情况。

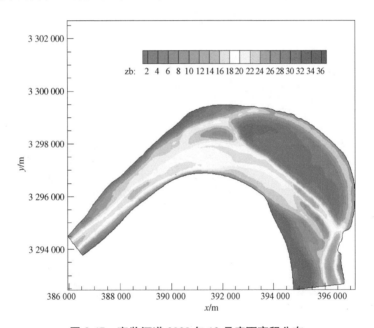

图 3.47 窑监河道 2030 年 12 月床面高程分布

对比图 3.46 与图 3.48 可以发现,计算至 10 年以后,窑集佬直道段左岸的边滩受清水冲刷的影响不断后退,向监利弯道进口段发展,最终与乌龟洲的洲头心滩连成一片。洲头心滩也受到清水冲刷的影响其体积不断缩小而范围逐渐扩大,并最终与乌龟洲相接。如图 3.48 所示,此时主流向左汊的流动受到极大的抑制,左汊出现彻底堵塞的情况,右汊将作为主汊长期存在下去。窑集佬直道段的主槽床面高程持续抬升,滩槽高差变小,断面继续朝宽浅的方向发展。该直道段左右两岸受清水冲刷的影响较大,极有可能会出现崩岸的不利情况。乌龟洲右汊下半段的丙寅洲中部边滩受清水冲刷的影响而持续后退,被水流切割出的江心洲高程减小而范围扩大,不断向左侧的主槽和下游发展,主槽受其挤压宽度不断减小。又由于此位置处水流分散,右汊出口段以及洲尾大马洲水道的进口段均出现了持续淤积的不利情况,与右汊进口段的浅滩一起成为右汊主航道的主要碍航区域。因此,为了维护该河段主航道的通航条件,不仅需要改善乌龟夹进口段的通航条件,还需要对乌龟洲下游凸岸的丙寅洲边滩进行相关的护滩工程,防止该段边滩冲刷,从而有利于其左侧主槽航深的维护。

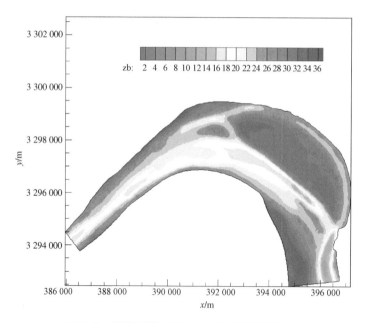

图 3.48　窑监河道 2035 年 12 月床面高程分布

3.6　本章小结

本章基于第三章建立的平面二维水沙输运及河床变形数学模型对长江

中下游的典型弯曲分汊河段—窑监河道,进行了详细的模型验证、上游建库减沙工况以及清水冲刷极限工况下的演变趋势预测计算。模型验证包括了水位及流速分布验证、江心洲两汊分流比验证以及河床变形验证。上游建库减沙工况下的预测计算考虑了长江上游溪洛渡、向家坝和亭子口等水利枢纽的建设对窑监河道含沙量的影响,计算把三峡工程初设阶段所采用的 60 水沙系列进行减沙处理后作为边界条件,得出的结论如下:

(1) 三峡水利枢纽蓄水运行之后,窑监河道上游的窑集佬直道段水道内主流摆动空间增大,有发生崩岸现象的可能性,断面向宽浅方向转化。

(2) 乌龟洲左汊逐渐淤积,但是淤积幅度不大,不会彻底萎缩,而右汊整体呈现冲刷趋势,所以该河段的分汊河势总体朝着稳定的方向发展,即短汊的发展速度相对更快,原本短汊为主汊的地位进一步得到了巩固。

(3) 乌龟洲下游凸岸的丙寅洲中部边滩受低含沙量水流的冲刷明显,出现了撇弯切滩的现象。凸岸边滩遭冲刷后难以恢复,滩槽格局与断面形态发生明显调整,断面形态由偏"V"型向双槽的"W"型转化。

(4) 右汊乌龟夹进口段交错浅滩的碍航情况将继续存在,本河道内可能会出现严重碍航的局面。在采取常规维护措施的之外需要辅以必要的束水攻沙措施才能改善乌龟洲右汊进口段的通航条件。

清水冲刷极限工况下的预测计算考虑了在低含沙量水流的长期作用下,长江中下游河道的泥沙补给量逐渐减少,直至泥沙补给为 0 的极限状态,得出的结论如下:

(1) 在清水冲刷的极限情况下,窑集佬直道段的滩槽高差持续减小,断面向宽浅方向发展,左右两岸受清水冲刷的影响,极有可能出现崩岸的不利情况;

(2) 河道左岸的烟家铺边滩受清水冲刷而后退,逐渐与乌龟洲的洲头心滩连成了一片,加之洲头心滩也受清水冲刷的影响与乌龟洲相接,极大地抑制了主流向左汊的流动,左汊彻底被堵塞而消亡,右汊为主汊的分汊河势将长期保持下去;

(3) 右汊出口段与洲尾大马洲水道进口段的主槽受江心洲挤压与水流分散的影响,宽度不断缩窄而床面高程不断抬升,与右汊进口段的浅滩一起成为右汊主航道的主要碍航区域。为了维护该河段主航道的通航条件，不仅需要改善乌龟洲右汊进口段的通航条件，还需要对乌龟洲下游凸岸的丙寅洲边滩进行相关的护滩工程，防止该段边滩冲刷，从而有利于稳定右汊主槽和洲尾下游航道的维护。

弯曲分汊河道的分汊河势
演变规律研究

自由发展的冲积河流在水流的长期作用下,有可能形成与所在河段相适应的水力几何形态,这种水力几何形态(如:河宽、水深、比降等)与来水来沙条件(如:流量、含沙量、泥沙粒径等)以及河床地质条件的特征物理量之间,常常存在着某种函数关系,这种函数关系就被称为河相关系[110]。河相关系是冲积河流水力计算以及河道整治的重要依据之一,对其开展研究具有重要的理论价值与实际意义。

4.1　河流水力几何形态研究的极值假说方法

极值假说是研究冲积河流河相关系的重要方法之一。极值假说假设冲积河流在来水来沙的影响下而自动调整的过程中,必然会有某个代表性的物理量或者某几个物理量达到极值,此时河流处于动态平衡的状态。在河相关系研究中常用的极值假说有[60-65]:最小水流能耗率假说、最大水流能耗率假说、最大输沙率假说、最大阻力系数假说、最小活动性假说、最大 Froude 数假说等。极值假说的本质就是用来封闭水沙方程组的一个关系式,利用极值假说推求河相关系的实质就是利用极值假说与水流连续方程、水流阻力方程以及输沙方程构成一个封闭的方程组,在已知流域内来水来沙条件以及河床的地质条件下,求解处于动态平衡状态的河流的宽度、水深、平均流速以及水面比降。可想而知,在相同的来水来沙条件以及河床地质条件下,极值假说、水流阻力方程以及输沙率方程的不同组合会导致最后求解出的水力几何形态关系也不相同。河相关系可以分为两种不同的类型：河流沿程的河相关系以及河流断面的河相关系。前者反映的是不同的河流之间，或者同一条河流的上下游之间，由于来水来沙条件或者边界条件变化导致的河流形态的变化；后者反映的是某一河段或者某一断面在不同水沙条件下断面形态的变化[110]，本章主要研究的是河流断面的河相关系。

4.1.1 最大流量模数原理的提出

2014 年 Li[37]在研究河流中沙洲的发育机理时，依据最小阻力原理，证明了河心沙洲的发育规律满足洲头淤积向上游发展的模式，并且只有通过这种发育模式，分汊河道的沿程阻力才能达到最小，沙洲才最有利于维持洲体的稳定，分汊河道也才能与上游的来水来沙条件相适应，从而最终达到平衡的状态。Li 在使用最小阻力原理时，并没有对这个原理进行明确的定义，也没有说明该原理的物理实质。最小阻力原理最初应用在塑性成形工艺中，用来阐述金属在塑性成形中如何流动的规律。该原理可以把金属的流动与边界条件联系起来，在生产实践中也已经被广泛应用。然而，从严格意义上来说，最小阻力原理与在河相关系研究中广泛使用的极值假说类似，仍然是一个不明确的、尚未经过理论证明的假说。Li 在研究河心沙洲的发育机理时，只是间接地使用 Darcy-Weisbach 公式来计算分汊河道在何种水力几何形态下其水头损失 h_f 达到最小，对"阻力最小"这个临界条件没有进行定量化的描述，因而该项研究的理论基础尚需商榷。总之，不管在塑性成形的工艺研究中，还是河心沙洲的发育机理研究中，面临的一个共性的问题就是对"最小阻力"的定义不明确，应该对其做更深入的研究。在河流动力学中，研究水流和泥沙运动的目的主要在于掌握特定的河流所具有的水流通过能力以及挟沙能力，这两个能力均与水流受到的阻力相关。另一方面，水流受到的阻力本身又是水流对河道作用力的反作用力，其大小直接决定了泥沙输运的强度。

自然条件下的冲积河流，其水流阻力由多个部分组成，具体包括沙粒阻力、沙波阻力、河岸与滩面阻力、河槽的形态阻力等[111]。对于床沙组成不均匀的天然河流,可以采用床沙某一代表粒径 d 作为与沙粒阻力相关的糙率尺寸;沙波阻力又被称为形状阻力,其值与沙波形态密切相关,而床面的相对粗糙程度 d/R 与沙波几何形态的发展程度密切相关。因此,可以采用过水断面的水力半径 R 与床沙代表粒径 d 作为与沙波阻力相关的糙率尺寸;河岸与滩地的阻力与岸坡以及滩地材料的粗糙程度有关,在不考虑滩地植被的影响并且假设岸坡材料与床沙组成相似的前提下,也可以采用床沙代表粒径 d 作为与河岸与滩地的阻力相关的糙率尺寸;河槽的形态阻力与过水断面的形状以及大小相关,因此,可以采用过水断面的面积 A 以及水力半径 R 作为与河槽形态阻力相关的糙率尺寸。综合上述分析,与冲积河流水流阻力相关的糙率尺寸可以表示为与 d、R、A 有关的函数关系式。

水力学中有一个很重要的物理量—流量模数 K,其物理意义是水面比降 $S=1$ 时的河道通过的水流流量,即 $Q=K\sqrt{S}$,因而其具有流量的量纲[112]。如果把水面比降表示为 h_f/l 的形式,则沿程水头损失 h_f 可以表达为如下的形式:

$$h_f = \frac{Q^2}{K^2}l \tag{4-1}$$

上式中,Q 为河道上游来流量;l 为河道长度;K 为流量模数。在上游来流量 Q 以及河道长度 l 保持恒定的情况下,河道内的水头损失 h_f 只与流量模数 K 有关,且二者呈反比的关系。所以对于处于平衡状态下的同一河道而言,最小的沿程水头损失 h_f 与最大流量模数 K,在物理意义上是等价的。

若选用 Manning-Strickler 公式来量化河道对水流的阻力,流量模数 K 可以表示为如下形式:

$$K = \frac{192\sqrt{g}}{25d^{1/6}}R^{2/3}A \tag{4-2}$$

由式(4-2)可知,流量模数 K 的大小综合反映了河道过水断面大小、形状以及床沙代表粒径对河道过流能力的影响。与冲积河流水流阻力相关的糙率尺寸:d、R、A 均出现在流量模数 K 的表达式中。因此,流量模数 K 的大小在一定程度上可以定量地反映出冲积河流水流阻力的大小。流量模数

K 越大,水流阻力也就越弱,河道的泄流能力就越强。受流域内来水来沙的影响,冲积河流的水力几何形态按照最小阻力原理逐渐向平衡态调整。河流调整至平衡状态时,水流阻力达到最小而流量模数 K 达到最大,最小阻力原理至此有了明确的物理定义。基于此,本书提出了最大流量模数的定义:在给定的初始条件和边界条件下,河流在流域内来水来沙条件的影响下,其断面的尺寸、大小以及粗糙程度会进行自动调整,使得流量模数逐渐趋于一个最大值,直至河流达到平衡状态。需要注意的是,在河流调整前后流量模数的最大值并不一定相同,因为流量模数的最大值是与特定的来水来沙以及边界条件相适应的。

水流能耗率极值原理是河相关系研究中最常用的假说,也是目前影响力最大的极值假说之一,被许多学者采用来解决水力学以及河流动力学方面的问题。水流能耗率极值原理的定义为:流体或者流固耦合的多相体,当其处在一个独立系统内,在给定的初始和边界条件下流动时,任何时刻的某因变物理量总是这样的分布,使得系统整体的能量耗散率随时都为一个极值。这一极值原理在不同条件下用数学形式表达出来,就构成了数学上的极值问题[113]。对于一个河流系统而言,水流能耗率极值原理的数学表述形式为:在流域内流量 Q、输沙率 Q_s、泥沙代表粒径 d 以及边坡系数 m 给定的情况下,河流通过调整自身的宽度 B、水深 h、流速 U 以及比降 S,使单位河长的水流能耗率达到一个极值[114]。具体地,水流能耗率极值原理可以分为最小能耗率原理以及最大能耗率原理,前者以 Yang[115],Chang[116] 的研究工作为代表,后者以黄万里的研究工作为代表[117]。Chang 对最小水流能耗率的定义为:冲积河流达到平衡状态的充分与必要条件为,在满足给定的约束条件下,单位河长的水流功率达到最小值,即河流不处于平衡状态时,其水流能耗率就不是最小值。对于一般的均匀明渠流,最小水流能耗原理的表达式如下:

$$\gamma QS = (\gamma QS)_{\min} \tag{4-3}$$

最大水流能耗率原理认为,凡在运动中消散的机械能最终都转化为了热能,存储在物体当中,能量的耗散在一定时刻一定温度均使得产熵增加。

对于一般的均匀明渠流,最大水流能耗率原理的表达式如下:

$$\gamma QS = (\gamma QS)_{max} \qquad (4-4)$$

显然,如式(4-3)与式(4-4)所示,两种水流能耗率极值原理之间存在着表达上的矛盾,河流在平衡状态下其水流能耗率到底是达到了极大值还是极小值,这常常会引起概念上的混淆,使人产生困惑,从而影响水流能耗率极值原理的使用与推广。目前,已经有不少学者对这两种水流能耗率极值原理进行过比较分析,如倪晋仁[118]、黄才安[113]等,但是他们的研究一种是对两种水流能耗率极值原理表述方式之间的调和,另一种采用应用实例来说明二者在某种程度上的等价性,并未基于理论分析。

一维水流连续方程的表达式为:

$$Q = UA \qquad (4-5)$$

流量模数 K 可以用谢才系数表达为:

$$K = CA\sqrt{R} \qquad (4-6)$$

流量 Q 以及水力坡度 S 的表达式如下:

$$Q = UA = CA\sqrt{RS}, \quad S = \left(\frac{Q}{CA\sqrt{R}}\right)^2 \qquad (4-7)$$

把上式代入水流能耗率的计算公式 γQS,有如下两种表达形式:

$$\gamma QS = \gamma \frac{Q^3}{K^2} \qquad (4-8)$$

$$\gamma QS = \gamma KS^{3/2} \qquad (4-9)$$

对于式(4-8),在上游来流量 Q 恒定的情况下,水流能耗率 γQS 只与流量模数 K 相关,且二者呈反比关系,流量模数 K 越大则水流能耗率 γQS 越小,当流量模数 K 取到最大值时,水流能耗率 γQS 达到最小,此时河流处于平衡状态。

对于式(4-9),在水力坡度 S 不变的情况下,水流能耗率 γQS 只与流量模数 K 相关,且二者呈正比关系,流量模数 K 越大则水流能耗率 γQS 越大,当流量模数 K 取到最大值时,水流能耗率 γQS 达到最大,此时河流也处于平衡状态。

至此,两种水流能耗率极值原理之间的争议得以调和,两种表述截然相反的能耗率极值原理只是最大流量模数原理在不同约束条件下的特殊情况,其物理实质是等价的。为了避免学术意义上的混淆,使得人们对水流能耗率极值原理产生怀疑,从而影响它的传播与使用,最大与最小水流能耗率原理在本书中被统一为最大流量模数原理,表达式如下:

$$K = K_{\max} \tag{4-10}$$

此外,水流能耗率极值原理之所以被称为假说,是因为其缺乏相关的理论推导或者数学证明过程,其正确性只能依据它应用于实例的符合程度来判断。为了验证最大流量模数原理的正确性,区别于以往的研究成果,本书从数学与应用实例两方面分别进行了阐述,验证最大流量模数原理的正确性。

4.1.2 最大流量模数原理的证明—数学方面

考虑一个矩形断面明渠,如图4.1所示,水深为 H,宽度为 B,并假定过水断面的边界泥沙组成均匀,有以下关系式成立:

$$A = BH, \chi = B + 2H, R = \frac{BH}{B + 2H} \tag{4-11}$$

其中,A 为过水断面面积;χ 为过水断面的湿周长度;R 为过水断面的水力半径。

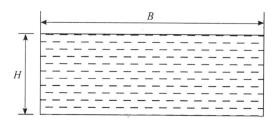

图 4.1 矩形断面示意图

在水流运动沿程较为均匀、床面形态变化不明显的情况下,可以采用 Manning-Strickler 公式来量化河床边界对水流的阻力。

$$U = \frac{192}{25}\left(\frac{R}{d}\right)^{1/6}\sqrt{gRS} \qquad (4\text{-}12)$$

上式中，R、d、S 分别是过水断面的水力半径，床沙代表粒径以及河道的水力坡度。式(4-12)与曼宁公式很类似，将该公式与曼宁公式相比较，可以得到曼宁系数 n 的计算公式为：

$$n = \frac{25d^{1/6}}{192\sqrt{g}} \qquad (4\text{-}13)$$

由此得到，采用 Manning-Strickler 公式来进行水流阻力的计算时，床面的曼宁系数 n 只与床沙粒径相关。

引入过水断面的宽深比，令 $\lambda = B/H$，有以下关系式成立：

$$B = \lambda H,\ A = \lambda H^2,\ \chi = (\lambda + 2)H,\ R = \frac{\lambda}{\lambda + 2}H \qquad (4\text{-}14)$$

$$K = \frac{192\sqrt{g}}{25d^{1/6}}\left(\frac{\lambda}{\lambda + 2}\right)^{2/3}\lambda H^{8/3} \qquad (4\text{-}15)$$

由式(4-15)可以得到水深 H 关于流量模数 K 以及过水断面宽深比 λ 的表达式：

$$H = 0.465\,575\left(\frac{d^{1/6}K\,(2+\lambda)^{2/3}}{\sqrt{g}\,\lambda^{5/3}}\right)^{3/8} \qquad (4\text{-}16)$$

引入过水断面的宽深比 λ 之后，一维水流运动的连续性方程可以表达如下：

$$Q = \lambda H^2 U \qquad (4\text{-}17)$$

水流阻力方程采用 Manning-Strickler 公式，如式(4-12)所示。引入过水断面的宽深比 λ 之后，式(4-12)可以表达如下：

$$U = \frac{192\sqrt{g}}{25d^{1/6}}\left(\frac{\lambda H}{\lambda + 2}\right)^{2/3}S^{1/2} \qquad (4\text{-}18)$$

推移质输沙率公式采用较为通用的表达形式：

$$q_b^* = C_b(\tau_0^* - \tau_c^*)^\alpha \qquad (4\text{-}19)$$

上式中，C_b，α 为常数，不同的输沙率公式其取值不完全相同；q_b^*，τ_0^* 以及 τ_c^* 分别为无量纲的单宽输沙率、无量纲的床面剪切应力以及无量纲的床面临界剪切应力，具体的表达式如下：

$$q_b^* = \frac{q_b}{\sqrt{(\gamma_s/\gamma - 1)gd^3}} \qquad (4-20)$$

$$\tau_0^* = \frac{\tau_0}{(\gamma_s - \gamma)d} \qquad (4-21)$$

$$\tau_c^* = \frac{\tau_c}{(\gamma_s - \gamma)d} \qquad (4-22)$$

引入过水断面的宽深比 λ 之后，推移质输沙率公式可以表达为如下形式：

$$\frac{Q_s}{\sqrt{g\left(-1 + \dfrac{\gamma_s}{\gamma}\right)}} = \lambda C_b \sqrt{d^3} \left[\frac{\lambda H}{\lambda + 2} \frac{\gamma S}{d(-\gamma + \gamma_s)} - \frac{\tau_c}{d(-\gamma + \gamma_s)} \right]^{\alpha}$$

$$(4-23)$$

上式中的常数采用 Meyer-Petter 和 Müller 的推荐值[78]：

$$C_b = 8,\ \alpha = 1.5,\ \tau_c^* = \frac{\tau_c}{(\gamma_s - \lambda)d} = 0.047 \qquad (4-24)$$

联解式（4-16）～（4-24），可以得到关于输沙率 Q_s、流量 Q、流量模数 K 以及过水断面宽深比 λ 的关系式：

$$k_1(2+\lambda)^{1/4}\lambda^{3/8}K^{3/8}\left[k_2\lambda^{3/8}K^{-13/8}(2+\lambda)^{-3/4}Q^2 - k_3\right]^{3/2} = Q_s \quad (4-25)$$

上式中，系数 k_1、k_2、k_3 的表达式如下：

$$k_1 = 0.465\,575C_b\sqrt{g(-1+\gamma_s/\gamma)}\,d^{3/2}\,(d^{1/6}/\sqrt{g})^{3/8} \qquad (4-26)$$

$$k_2 = \frac{0.465\,575\gamma(d^{1/6}/\sqrt{g})^{3/8}}{d(-\gamma + \gamma_s)} \qquad (4-27)$$

$$k_3 = \frac{\tau_c}{d(-\gamma + \gamma_s)} \qquad (4-28)$$

如式(4-25)所示,在输沙率 Q_s、流量 Q 以及床沙代表粒径 d 给定的情况下,流量模数 K 仅与过水断面宽深比 λ 有关,式(4-25)描述了流量模数 K 随过水断面宽深比 λ 的变化过程。下文选取两种来水来沙工况,对式(4-25)进行求解并绘图,两种来水来沙工况分别为:(1) $Q_s = 0.007$ m^3/s, $Q = 100$ m^3/s, $d = 0.3$ mm;(2) $Q_s = 0.002$ m^3/s, $Q = 100$ m^3/s, $d = 0.3$ mm。 两种工况下式(4-25)中的系数取值均为 $k_1 = 0.000\,030\,7$, $k_2 = 367.409$, $k_3 = 0.047$。

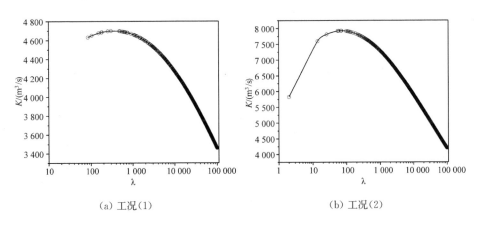

（a）工况（1） （b）工况（2）

图 4.2 流量模数 K 随过水断面宽深比 λ 的变化趋势

图 4.2(a)、(b)中横坐标为过水断面的宽深比 λ,且其进行了对数化处理;纵坐标为流量模数 K。可以发现,在输沙率 Q_s、流量 Q 以及床沙代表粒径 d 给定的情况下,式(4-25)可以正确地描述流量模数 K 随过水断面宽深比 λ 的调整而变化的过程。随着水断面宽深比 λ 的不断增大,流量模数 K 呈现先增大后减小的变化规律。当过水断面宽深比 λ 取得合适的 λ_0 时,流量模数 K 达到最大值 K_{max}。 对应于第一种工况,$\lambda_0 = 303$, $K_{max} = 4\,699$;在第二种工况下,$\lambda_0 = 70$, $K_{max} = 7\,925$。 当河流的过水断面宽深比 $\lambda \neq \lambda_0$ 时,总有 $K < K_{max}$。 当河流具有与极值点对应的宽深比,即 $\lambda = \lambda_0$ 时,河流具有最大的水沙输运效率,此时河流达到平衡状态,即在相同的约束条件下,平衡态的河流能够输运最多的水沙,此例证明了最大流量模数原理的正确性。

4.1.3 最大流量模数原理的证明—应用方面

水力最佳断面,抑或称作水力最优断面,是人们在水利工程实践中十分关注的。在进行渠道的水力计算中,当流量 Q、比降 S 以及床面曼宁系数 n 已知的情况下,进行合理设计以得到最小的过水断面面积,或者当比降 S 以及床面糙率 n 已知的情况下,对于规定的过水断面,其通过的流量 Q 最大,从而达到减小工程施工量的目的,此时的过水断面就称为水力最佳断面或水力最经济断面。由平面几何学的知识可知,在周长最小的情况下,面积最小的平面几何图形为圆,因此圆形断面为理论上的水力最佳断面,但受制于施工技术以及河道地质条件等,渠道的断面一般不可能做成圆形。过去常用的过水断面有梯形断面,后续又逐渐发展出"U"型断面以及抛物型断面等。迄今为止,国内外已经有许多学者对水力最佳断面的问题进行过深入的研究。刘东和(1978)[119]根据明渠均匀流的流量公式,利用了梯形渠道水力最优断面的几何条件,并引入了曼宁公式,推求出了梯形断面水深的计算公式,并且编制了求解水深的诺模图;张志昌等(2002)[120]根据明渠均匀流理论,推求了抛物型渠道的正常水深与流量的关系以及水力最优断面的计算公式;魏文礼等(2006)[121]也推求了立方抛物型渠道正常水深与流量关系的计算公式及其水力最佳断面满足的条件;黄才安等(2002)[113]根据最小能耗原理,推求了梯形断面明渠的最佳宽深比以及复式明渠断面的综合糙率;张玮等(2018)[122]基于最小能耗率原理三种不同的表达式,分别推求了梯形渠道最佳的宽深比,发现了根据三种表达式算得的结果是相同的。此外,他还就渠道边壁与河床糙率不同的情况进行了研究。下文在前人研究的基础上,以最大流量模数原理为基础,对矩形明渠断面的水力最佳断面进行研究。

同样考虑一个矩形断面明渠,其过水断面的具体形态参数如图 4.1 所示,并假定过水断面的边界泥沙组成均匀。水力最佳断面求解问题的约束函数包括水流连续性方程、水流阻力方程以及推移质输沙率方程:

$$
\begin{cases}
Q = BHU \\[2mm]
U = \dfrac{192\sqrt{g}}{25d^{1/6}}\left(\dfrac{BH}{B+2H}\right)^{2/3}S^{1/2} \\[4mm]
\dfrac{Q_s}{\sqrt{g(-1+\gamma_s/\gamma)}} = BC_b\sqrt{d^3}\left[\dfrac{BHS\gamma}{d(B+2H)(-\gamma+\gamma_s)} - \dfrac{\tau_c}{d(-\gamma+\gamma_s)}\right]^{\alpha}
\end{cases}
$$

$$(4\text{-}29)$$

水力最佳断面求解问题的目标函数为最大流量模数原理:

$$K = K_{\max} \tag{4-30}$$

上式中,流量模数 K 的计算公式为:

$$K = \frac{192B\sqrt{g}H\left(\dfrac{BH}{B+2H}\right)^{2/3}}{25d^{1/6}} \tag{4-31}$$

引入 Lagrange 算子 λ_1、λ_2、λ_3,约束函数(4-29)与目标函数(4-30)构成函数 L,表达式如下:

$$
\begin{aligned}
L = &\frac{192B\sqrt{g}H\left(\dfrac{BH}{B+2H}\right)^{2/3}}{25d^{1/6}} + \lambda_1(BHU-Q) + \lambda_2\left[\frac{192\sqrt{g}\left(\dfrac{BH}{B+2H}\right)^{2/3}\sqrt{S}}{25d^{1/6}} - U\right] \\
&+ \lambda_3\left(-\frac{Q_s}{\sqrt{g\left(-1+\dfrac{\gamma_s}{\gamma}\right)}} + BC_b\sqrt{d^3}\left[\frac{BHS\gamma}{d(B+2H)(-\gamma+\gamma_s)} - \frac{\tau_c}{d(-\gamma+\gamma_s)}\right]^{\alpha}\right)
\end{aligned} \tag{4-32}
$$

由函数取得极值的必要条件: $\dfrac{\partial L}{\partial B} = \dfrac{\partial L}{\partial H} = \dfrac{\partial L}{\partial U} = \dfrac{\partial L}{\partial S} = 0$,可以得到以下的关系式:

$$-2BH[3HS(1+\alpha)\gamma - 8\tau_c] + 12H^2\tau_c + B^2[HS(-5+3\alpha)\gamma + 5\tau_c] = 0 \tag{4-33}$$

引入过水断面的宽深比参数 λ,并令 $\tau_0/\tau_c = \eta$,表示床面剪切应力与临界剪切应力之比。根据推移质输沙率公式(4-19), $\eta \leqslant 1$ 表示无泥沙输运; $\eta > 1$ 则表示有泥沙输运。式(4-33)可以化简成如下形式:

$$-6[(\alpha+1)\eta_0 - 1] + \lambda_0[(-5+3\alpha)\eta_0 + 5] = 0 \tag{4-34}$$

求解上式可以得到如下的表达式:

$$\lambda_0 = \frac{6(-1+\eta_0+\alpha\eta_0)}{5-5\eta_0+3\alpha\eta_0} \tag{4-35}$$

上式中，λ_0 表示河流受流域内来水来沙的影响而自动调整至平衡状态时对应的过水断面最佳宽深比，此时的河流具有最大的水沙输运效率；η_0 表示河流处于平衡状态下的输沙强度。式(4-35)是根据最大流量模数原理推求得到的，故式(4-35)的物理意义为：河流受到流域内来水来沙的影响，在给定的初始条件以及边界条件下，其断面尺寸、大小以及粗糙程度进行自动调整，直至河流达到平衡状态，此时断面的宽深比 λ_0 以及床面剪切应力与临界剪切应力之比 η_0 这两个参数之间的变化关系满足式(4-35)。

2007 年黄河清[123]运用河流自动调整机理的数理分析方法，在推导冲积河流输水输沙达到平衡的条件时，得出了与式(4-35)完全相同的公式(文献[123]中的公式 18)，这也从侧面说明了本书提出的最大流量模数原理的正确性。

当 $\eta_0 = 1$ 时，渠道边界上的剪切应力等于临界起动剪切应力，渠道处于临界的不冲不淤状态。根据推移质输沙率方程 $q_b^* = C_b(\tau_0^* - \tau_c^*)^\alpha$，此时输沙率为 0，求解式(4-35)得到对应的过水断面宽深比 $\lambda_0 = 2$，这与水力学中矩形水力最佳断面其底宽为水深的 2 倍是一致的。或者说，在没有泥沙输运的情况下，与最大流量模数对应的过水断面与最佳水力断面的物理实质是一样的，均代表水流输运效率最高的断面。在河流中存在泥沙输运的情况下，与最大流量模数对应的过水断面最佳宽深比必然满足 $\lambda_0 > 2$。

4.2 河流水力几何形态的影响因素分析

早期学者们对于河相关系的研究基本都带有经验或者半经验半理论的性质，常见的研究手段是选取比较稳定的、河床冲淤变形不大的无限制性河道进行现场测量，最后基于实测数据在河流的水力几何形态与来水来沙条件之间建立经验型的关系式。随着河相关系研究的不断发展，具有理论基础的河相关系研究手段也取得了丰硕的成果，极值假说便是其中的典型代表。虽然已经有很多极值假说被不同的学者提出并应用到实际的河相分析中去，但是在以往的研究工作当中，极值假说并没有在理论上得到证明。在实际使用极值假说的过程当中,河道断面形式、水流阻力方程以及输沙率方程的选用均具有一定程度的主观随意性。上文已经在数学和应用实例两方面对最大流量原理的正确性进行了验证,证明了该假说在理论上的正确性以及应用上的可行性。下文依次分别对河道的断面形式、水流阻力方程以及输沙率方程对河道平衡条件下水力几何形态的影响进行了分析。

4.2.1 河岸坡度对河流水力几何形态的影响

本节基于梯形断面渠道,分析河岸坡度对河流水力几何形态的影响。考虑一个等腰梯形断面明渠,其过水断面的边界泥沙组成均匀,如图 4.3 所示。水深为 h,水面宽度为 B,渠底宽度为 b,边坡系数为 m,m 表示边坡上高差为 1 m 时两点之间的水平距离,且有 $m = \cot\alpha$,α 为边坡的倾角。当 $m = 0$ 时,梯形断面两侧的边坡为铅垂线,渠道断面形态退化为矩形。对于等腰梯形过水断面有以下关系式成立:

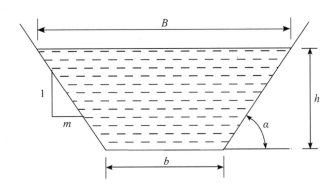

图 4.3 等腰梯形断面示意图

$$A = (b+mh)h, \; \chi = b + 2h\sqrt{1+m^2}, \; R = \frac{(b+mh)h}{b+2h\sqrt{1+m^2}} \quad (4\text{-}36)$$

边坡系数 m 的取值与边坡的土壤性质相关,实际计算过程当中可以参考表 4.1 进行选用[112]。

表 4.1　不同土壤的边坡系数 m 取值

土壤类型	m
未风化的岩石	$0.00\sim0.25$
风化的岩石	$0.25\sim0.5$
黏土、密实黄土	$1.0\sim1.5$
密实沙壤土、轻沙壤土	$1.5\sim2.0$
沙壤土、松散壤土	$2.0\sim2.5$
细沙	$3.0\sim4.3$

上节在对矩形断面明渠的水力最佳断面问题的求解中,引入了 Lagrange 算子构成了一个最优化问题,下文采用同样的方法对梯形断面进行求解。该问题的约束函数如下:

$$\begin{cases} Q = (b + mh)hU \\[2mm] U = \dfrac{192\sqrt{g}}{25d^{1/6}}\left[\dfrac{(b+mh)h}{b+2h\sqrt{1+m^2}}\right]^{2/3}S^{1/2} \\[2mm] \dfrac{Q_s}{\sqrt{g\left(-1+\dfrac{\gamma_s}{\gamma}\right)}} = C_b b\sqrt{d^3}\left[\dfrac{h(b+mh)S\gamma}{d(b+2h\sqrt{1+m^2})(-\gamma+\gamma_s)} - \dfrac{\tau_c}{d(-\gamma+\gamma_s)}\right]^{\alpha} \end{cases}$$

$$(4-37)$$

该问题的目标函数同样为最大流量模数原理:

$$K = K_{\max} \qquad (4-38)$$

上式中,流量模数 K 的计算公式为:

$$K = \dfrac{192\sqrt{g}}{25d^{1/6}}\left[\dfrac{(b+mh)h}{b+2h\sqrt{1+m^2}}\right]^{2/3}(b+mh)h \qquad (4-39)$$

引入 Lagrange 算子 λ_1、λ_2、λ_3,约束函数(4—37)与目标函数(4—38)构成函数 L。根据函数取得极值的必要条件: $\dfrac{\partial L}{\partial B} = \dfrac{\partial L}{\partial H} = \dfrac{\partial L}{\partial U} = \dfrac{\partial L}{\partial S} = 0$,对函数 L 进行求解。梯形断面渠道的求解与矩形断面求解略有不同,该问题中多了一个变量:边坡系数 m,参考表 4.1 对不同性质土壤边坡系数的推荐值,本书选用 $m = 0$、$1/\sqrt{3}$、$2/\sqrt{3}$、$\sqrt{3}$、2、3 以及 5 共 7 个值进行计算,其值从小到大

变化,范围基本覆盖了表 4.1 中所有的土壤类型。推移质输沙率方程中的系数同样采用 Meyer-Petter 和 Müller 的推荐值。对于处在平衡状态的河道而言,推移质的输运主要发生在图 4.3 所示的底部宽度 b 中,因此,推移质输沙率方程中的输沙宽度选用渠底宽度 b,梯形过水断面的宽深比则为 $\lambda = b/h$。

图 4.4 给出了在 m 取不同的值的条件下,梯形断面明渠受流域内来水来沙的影响而自动调整至平衡状态时,过水断面宽深比 λ_0 与输沙强度 η_0 之间的关系。对于处于平衡状态的河流,从图中可以得出以下几点结论:(1)随着边坡系数 m 值的不断增大,同一宽深比 λ_0 对应的输沙强度 η_0 越来越小。(2)同一输沙强度 η_0 对应的过水断面宽深比 λ_0 随着边坡系数 m 的增大而增大,即与边坡较陡的梯形断面明渠相比,边坡较缓的梯形断面明渠要达到与之相等的输沙强度需要更加宽浅的断面。(3)梯形断面明渠过水断面宽深比 λ_0 较小时,λ_0 的变化对输沙强度影响较大;λ_0 较大时,λ_0 的变化对输沙强度影响很小。(4)梯形断面明渠过水断面宽深比 λ_0 的变化范围理论上没有上界,而输沙强度 η_0 的变化范围有上界 10,表示河道内的输沙强度不会随着水流强度的增大而无限地增大,且边坡系数 m 越小的梯形断面渠道会越早达到输沙强度的极限值,此时边坡系数 m 的大小对输沙强度几乎没有影响。

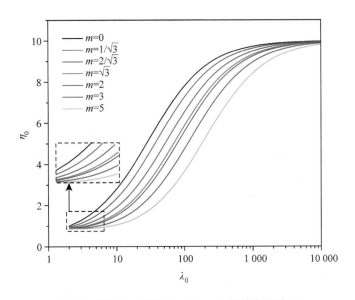

图 4.4 梯形过水断面 λ_0 与 η_0 之间的变化关系

上述结论可以采用梯形断面上剪切应力的分布特点来定性解释。对于梯形断面渠道,推移质输运主要集中在渠道底部宽度为 b 的范围内,因此床面上的剪切应力可以看作是推移质输运的"有效剪切应力",边坡上的输沙强度很小,因此边坡上的剪切应力可以看作是推移质输运的"无效剪切应力"。

在过水断面宽深比 λ_0 相同的情况下,边坡系数 m 越大,边坡上"无效剪切应力"所占的比例就越大,床面上"有效剪切应力"所占的比例就越小,导致输沙强度 η_0 减小;反之,边坡系数 m 越小,边坡上"无效剪切应力"所占的比例就越小,床面上"有效剪切应力"所占的比例就越大,导致输沙强度 η_0 增大。

在输沙强度 η_0 相同的情况下,边坡系数 m 越大,"无效剪切应力"所占据的比例也越大,为了达到相同的输沙强度,河道可以通过增大过水断面宽深比 λ_0 来增大床面"有效剪切应力"的比例,从而消除边坡系数 m 较大带来的负面影响。因此同一输沙强度 η_0 对应的过水断面宽深比 λ_0 随着边坡系数 m 的增大而增大。

将输沙强度 η_0 的表达式做如下变形:

$$\eta_0 = \frac{\gamma}{\tau_c^*(\gamma s - \gamma)} \frac{RS}{d} \qquad (4\text{-}40)$$

上式中,等号右端第一项为常数,若 τ_c^* 取 Meyer-Petter 和 Müller 的推荐值 0.047,则该常数约为 12.894 9,式(4-40)可以转化为如下的表达式:

$$\frac{d}{RS} = \frac{12.894\ 9}{\eta_0} \qquad (4\text{-}41)$$

上式中,等号右端为河床的纵向稳定指标,最早由奥恰洛夫提出[110],表达式为:

$$\phi_h = \frac{(\rho_s - \rho)d}{\rho HS} \qquad (4\text{-}42)$$

对于天然泥沙,$(\rho_s - \rho)/\rho$ 为常数,将式(4-42)中的平均水深 H 用水力半径 R 代替,则纵向稳定指标的表达式简化为公式(4-41)等号左端的表达形式。ϕ_h 的值越大,表示泥沙的运动强度越小,河床越稳定,产生的变形越小;

反之,则表示河床越不稳定,产生的变形越大。表 4.2 给出了长江和黄河常见河段纵向稳定指标的值。可以发现,在一般情况下,弯曲河段的纵向稳定系数大于游荡型河段,但是不同河型之间的临界纵向稳定指标取值到底是多少尚未可知。这个问题还处于研究阶段,目前的研究成果还无法把不同河型之间的临界纵向稳定指标定量化。

表 4.2 常见河段的纵向稳定指标取值

河名	河段及河型	ϕ_h
长江	荆江,蜿蜒型	0.27～0.37
黄河	高村以上,游荡型	0.18～0.21
	高村至陶城埠,过渡型	0.17

图 4.5 根据式(4-41)绘制了纵向稳定指标 ϕ_h 与平衡状态下过水断面宽深比λ_0之间的变化关系。对于处于平衡状态的河流,从图中可以得到如下几点结论:(1)随着边坡系数 m 值的增大,同一过水断面宽深比 λ_0 对应的纵向稳定指标 ϕ_h 越来越大;(2)同一纵向稳定指标 ϕ_h 对应的过水断面宽深比 λ_0 随着边坡系数 m 的增大而增大,即与边坡较陡梯形断面明渠相比,边坡较缓的梯形断面明渠要达到与之相等的纵向稳定性需要更加宽浅的断面;(3)在边坡系数 m 不变的情况下,梯形断面明渠的纵向稳定指标 ϕ_h 随着过

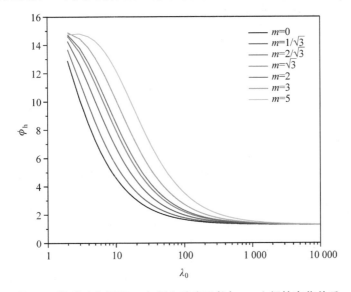

图 4.5 梯形过水断面 λ_0 与纵向稳定系数与 φ_h 之间的变化关系

水断面宽深比 λ_0 的增大而减小，且有下界 1.3。边坡系数 m 越小，纵向稳定指标 ϕ_h 越早到达其值的下界。

4.2.2 输沙率方程对河流水力几何形态的影响

本节以图 4.1 所示的矩形断面明渠为例，运用最大流量模数原理，分析输沙率方程的选取对河流平衡条件下水力几何形态的影响。该问题中水流连续性方程为 $Q = BHU$，水流阻力方程为 Manning-Strickler 公式（式(4-12)），输沙率方程分别选用 Meyer-Petter 和 Müller 公式[式(4-24)]以及 Duboys 公式。

Duboys 泥沙输运公式[124]是揭示推移质移动机理的经典公式之一，其表达式如下：

$$Q_s = C_d B \tau_0 (\tau_0 - \tau_c) \tag{4-43}$$

上式中，系数 C_d 与床面临界剪切应力 τ_c 均只与床沙代表粒径 d 相关，计算公式分别为 $C_d = 0.17 d^{-3/4}$ 以及 $\tau_c = 0.061 + 0.093d$。

运用两个输沙率方程得到的河流平衡条件下的过水断面最佳宽深比计算公式分别如下：

Meyer-Petter 和 Müller 公式：

$$\lambda_0 = \frac{6(-2 + 5\eta_0)}{10 - \eta_0} \tag{4-44}$$

Duboys 公式：

$$\lambda_0 = \frac{18\eta_0 - 12}{\eta_0 + 2} \tag{4-45}$$

由式(4-44)与式(4-45)可以发现，河相关系研究中选用不同的输沙率方程，得到的河流平衡条件下的水力几何形态也完全不同。

由式(4-44)可知，若采用 Meyer-Petter 和 Müller 公式确定平衡态河流的最大流量模数，根据 $\eta_0 > 0$ 的限制，其宽深比 λ_0 的变化范围是 $\lambda_0 > 0$；在河流存在泥沙输运的情况下，根据 $\eta_0 > 1$ 的限制，其宽深比 λ_0 的变化范围是 $\lambda_0 > 2$。

由式(4-45)可知,若采用Duboys公式确定平衡态河流的最大流量模数,根据$\eta_0 > 0$的限制,其宽深比λ_0的变化范围是$0 < \lambda_0 < 18$;在河流存在泥沙输运的情况下,根据$\eta_0 > 1$的限制,其宽深比λ_0的变化范围是$2 < \lambda_0 < 18$。与式(4-44)相比,采用Duboys公式进行河相关系研究时,河流宽深比的变化范围很小。当河流的宽深比大于18时,只能选用Meyer-Petter和Müller公式进行河相分析,此时式(4-45)失效。即使在两个公式均适用的范围内($0 < \lambda_0 < 18$),采用不同公式得到的结果也有较大的差异,如图4.6所示。

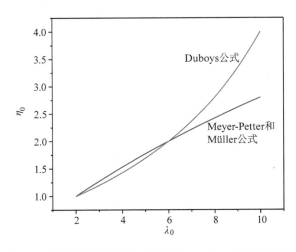

图4.6 采用两种输沙率公式得到的λ_0与η_0的变化关系

以上的对比结果说明,选用不同的输沙率公式对河流平衡条件下的水力几何形态的影响不同,其适用的范围也不同,在实际的使用过程当中必须对不同的输沙率公式进行仔细的比选。考虑到采用Duboys公式使用范围的限制($0 < \lambda_0 < 18$),本书推荐在河相关系研究中采用Meyer-Petter和Müller公式。

4.2.3 水流阻力方程对河流水力几何形态的影响

本节以图4.1所示的矩形断面明渠为例,运用最大流量模数原理,分析水流阻力方程的选用对河流平衡条件下的水力几何形态的影响。该问题中水流连续性方程为$Q=BHU$,输沙率方程选用Meyer-Petter和Müller公式[式(4-24)],水流阻力方程分别选用Manning-Strickler公式[式(4-12)],

Lacey 公式，以及 Engelund 公式。

Lacey 水流阻力公式是从大量的处于平衡状态下的人工灌溉渠道实测资料中建立起来的[125]。该公式对有沙波和沙丘床面形态的渠道具有较好的适用性，也被许多学者采用来进行河相关系的研究。Lacey 水流阻力公式的表达形式如下：

$$U = \frac{1.346}{N_a} H^{1/4} \sqrt{RS} \tag{4-46}$$

上式中，N_a 为床面绝对粗糙度，与 Lacey 淤积系数 f 相关，且有 $N_a = 0.0225f^{1/4}$，$f = 1.6d^{1/2}$。

将 Lacey 公式与 Manning 公式对比，可以发现曼宁系数 n 为 d、R、H 的函数，表达式如下：

$$n = \frac{d^{1/8}R^{1/6}}{71.586H^{1/4}} \tag{4-47}$$

类似地，将 Manning-Strickler 公式与 Manning 公式对比，可以发现曼宁系数 n 只与 d 相关，表达式如下：

$$n = \frac{25d^{1/6}}{192\sqrt{g}} \tag{4-48}$$

比较曼宁系数 n 的计算公式(4-47)与(4-48)，可以发现，在这两个公式中，床面糙率仅与床面泥沙的代表粒径以及过水断面的形状大小有关，与水流的流态无关。1966 年 Simons 和 Richardson[126]的试验研究表明，水流从低流态向高流态过渡时，床面的糙率在一个临界位置会急剧变小。在床面糙率突变的情况下，采用 Manning-Strickler 公式或者 Lacey 公式进行河相关系研究就不能正确地反映出水流阻力关系。为了定量地研究水流流态与床面阻力之间的关系，本书选用了 Engelund 公式[127]来进行水流阻力的计算。Engelund 根据 Guy 等人的试验资料，点绘了 $\Theta = f(\Theta')$ 的关系后得到了沙垄区(低流态)、逆行沙垄区(高流态)的拟合公式：

$$\Theta' = \begin{cases} 0.06 + 0.4\Theta^2 & if \quad \Theta' < 1 \\ \Theta & if \quad 0.55 < \Theta' < 1 \end{cases} \tag{4-49}$$

上式中，Θ' 为沙粒阻力引起的无量纲剪切应力；Θ 为床面上总的无量纲剪切应力。Θ' 的计算公式如下：

$$\Theta' = \frac{\gamma R'S}{(\gamma_s - \gamma)d} \tag{4-50}$$

上式中，R' 为与沙粒阻力对应的水力半径，计算公式如下：

$$\frac{U}{\sqrt{gR'S}} = 2.5\ln\left(\frac{R'}{2.5d}\right) + 6 \tag{4-51}$$

Engelund 水流阻力公式与水流连续方程，Meyer-Petter 和 Müller 输沙率公式以及最大流量模数原理构成了一个最优化问题，具体的求解过程如下：

（1）根据河道的来水来沙条件以及泥沙代表粒径，输入 Q，Q_s，d。

（2）输入一系列假定的河道宽度 B。

（3）输入一系列假定的河道水深 H。

（4）根据断面的几何形态关系求解出水力半径 R。

（5）根据水流连续方程求解出平均流速 U。

（6）输入一系列假定的 R'。

（7）根据 R' 的计算公式（4-51）求解出水面比降 S。

（8）根据 Θ' 的计算公式（4-50）求解出与沙粒阻力对应的无量纲剪切应力 Θ'。

（9）根据 Θ' 的临界值判断水流流态，求解出床面上总的无量纲剪切应力 Θ（式4-49）。

（10）根据 Θ 的值计算出水力半径 $R\_$，并判断其是否等于 R，若不相等，返回步骤（6）；若相等，则进入步骤（11）。

（11）根据输沙率公式（4-24）计算推移质输沙率 $Q_s\_$，并判断其是否等于 Q_s，若不相等，返回步骤（3）；若相等，进入步骤（12）。

（12）输出 B、H、λ、K、n、Θ'、Θ。

采用 Manning-Strickler 公式得到的河流平衡条件下的过水断面最佳宽深比的表达式为：

$$\lambda_0 = \frac{6(-2+5\eta_0)}{10-\eta_0} \qquad (4\text{-}52)$$

采用 Lacey 公式得到的河流平衡条件下的过水断面最佳宽深比的表达式为：

$$\lambda_0 = \frac{5(2-5\eta_0)}{-7+\eta_0} \qquad (4\text{-}53)$$

比较以上两式可以发现，当 $\eta_0 = 1$，即河道中没有泥沙输运时，公式 (4-52)计算得到的 $\lambda_0 = 2$，与水力学中矩形断面渠道水力最佳断面宽深比为 2 的结论相符；公式(4-53)计算得到的 $\lambda_0 = 2.5$，与矩形断面渠道水力最佳断面的几何形态不符。尽管 Lacey 水流阻力公式是河相关系研究中经常使用的公式，但当它与 Meyer-Petter 和 Müller 输沙率公式联合求解时，会产生错误的结果。因此，在河相关系研究中，若输沙率公式采用的是 Meyer-Petter 和 Müller 公式，本书推荐采用 Manning-Strickler 水流阻力公式与其匹配来进行求解。

图 4.7 给出了采用 Engelund 水流阻力公式计算得到过水断面宽深比 λ、无量纲剪切应力 Θ' 和 Θ、床面的曼宁系数 n 以及流量模数 K 随河宽 B 的变化关系，按照上述(1)～(12)的步骤，总共计算了 4 种工况。4 种工况下流量 Q 与床沙代表粒径 d 保持不变，分别是 $Q = 100 \text{ m}^3/\text{s}$ 以及 $d = 0.3 \text{ mm}$，输沙率依次增大，分别是：$Q_s = 0.002 \text{ m}^3/\text{s}$、$0.004 \text{ m}^3/\text{s}$、$0.005 \text{ m}^3/\text{s}$、$0.006 \text{ m}^3/\text{s}$。

如图 4.7(a)～(c)所示，在 4 种来水来沙条件下，过水断面宽深比 λ、无量纲剪切应力 Θ' 和 Θ 基本均随着河道宽度 B 的增大而增大或减小。但是由于 Engelund 水流阻力公式考虑了水流流态的转变，4 种来水来沙条件下床面的曼宁系数 n 均是先逐渐增大至一个极大值，然后在一个临界河宽处急剧下降，在这个临界河宽处床面糙率突然减小，水流由低流态过渡到高流态。由图 4.7(d)还可以发现，床面糙率发生突变的临界河宽随着输沙率的增大而增大，而与临界河宽对应的床面曼宁系数极大值随着输沙率的增大而减小。

由图 4.7(e)可以发现，当输沙率 Q_s 较小时(0.002 m³/s、0.004 m³/s)，流量模数 K 随河宽 B 的变化曲线仅有一个极大值 $K_{\max}$[如图 4.7(e)中黑色与

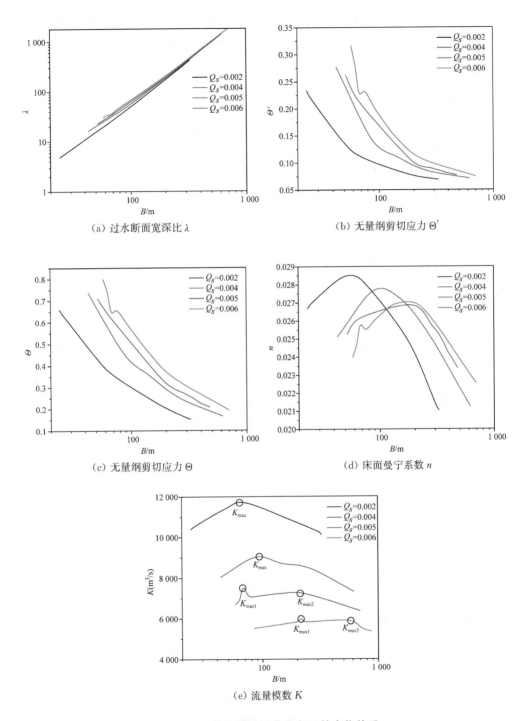

(a) 过水断面宽深比 λ

(b) 无量纲剪切应力 Θ′

(c) 无量纲剪切应力 Θ

(d) 床面曼宁系数 n

(e) 流量模数 K

图 4.7　计算变量随河道宽度 B 的变化关系

红色实线所示],与此 K_{max} 对应的河宽 B_0 即为河流自动调整至平衡状态时的最佳河道宽度,此时河流处于低流态区,床面形态以沙纹和沙垄等沙波形态为主;随着输沙率 Q_s 的逐渐增大,K_{max} 的值逐渐减小,表示处于平衡状态的河流其输水输沙效率逐渐降低。

当输沙率 Q_s 较大时(0.005 m³/s、0.006 m³/s),流量模数 K 随河宽 B 的变化曲线有两个极大值 K_{max1} 与 K_{max2},与 K_{max1} 对应的河宽 B_{01} 即为处于高流态的河流自动调整至平衡状态时的最佳河道宽度;与 K_{max2} 对应的河宽 B_{02} 即为处于低流态的河流自动调整至平衡状态时的最佳河道宽度[如图 4.7(e)中蓝色与绿色实线所示]。从图 4.7(e)的所示的计算结果还可以发现,当输沙率 Q_s 较大时,对应于同一输沙率的两个流量模数极值满足:$K_{max1} > K_{max2}$,$B_{01} < B_{02}$,说明相比于处于低流态下的河流,处于高流态的河流其对应的平衡状态下的最佳断面更加窄深,具有更高的水沙输运效率,这与床面糙率的急剧减小有关。

综合上述分析,选用不同的水流阻力计算公式,最终得到的河流平衡状态下的水力几何形态也完全不同[如式(4-52)、式(4-53)、图 4.7 所示]。当考虑河道中水流流态转换时,在输沙率较大的情况下,有可能会出现两个最佳河道宽度,对应有两个最大流量模数,分别位于高流态区域与低流态区域。当采用 Lacey 公式计算水流阻力时,最终得到的河流平衡状态下的水力几何形态与实际情况相矛盾。因此,在进行河相关系研究中,需要根据实际情况对不同的水流阻力公式进行仔细的比选与选用。此外,考虑到自然条件下长江中下游的河流基本均处于低流速状态,床面形态以沙波为主,床面糙率较大,下文的研究中均采用 Manning-Strickler 公式进行水流阻力的计算。

4.3 河流平衡条件的推求

4.1.2 节中基于矩形断面明渠,采用 Manning-Strickler 公式以及 Meyer-Petter 和 Müller 输沙率公式,推导出了流量模数 K 与断面宽深比 λ 之间的隐函数关系式[公式(4-25)～(4-28)]。若 C_b 选用 Meyer-Petter 和 Müller

的推荐值,则式(4-25)中系数 k_1、k_2 及 k_3 的表达式可以简化为如下形式:

$$k_1 = 9.824d^{25/16}, \ k_2 = 0.183d^{-15/16}, \ k_3 = 0.047 \tag{4-54}$$

采用隐函数存在定理对式(4-25)进行求导,并根据 $\mathrm{d}K/\mathrm{d}\lambda = 0$ 的条件,可以求得河流平衡状态下最大流量模数 $K_{\max}$ 与最佳宽深比 λ_0 之间的关系式:

$$\frac{0.183K_{\max}Q^2\lambda_0^{3/8}(30+\lambda_0)}{d^{15/16}} - 0.094K_{\max}{}^{21/8}(2+\lambda_0)^{3/4}(6+5\lambda_0) = 0$$

$$\tag{4-55}$$

将上式变形之后可以得到最大流量模数 $K_{\max}$ 的计算公式:

$$K_{\max} = g(\lambda_0)\frac{Q^{16/13}}{d^{15/26}} \tag{4-56}$$

上式中,$g(\lambda_0)$ 为最佳宽深比 λ_0 的函数,表达式如下:

$$g(\lambda_0) = \frac{1.506\,76\lambda_0^{3/13}(30+\lambda_0)^{8/13}}{(2+\lambda_0)^{6/13}(6+5\lambda_0)^{8/13}} \tag{4-57}$$

根据 4.1.3 节的分析结果,在河流中存在泥沙输运的情况下,与最大流量模数 $K_{\max}$ 对应的最佳宽深比满足 $\lambda_0 > 2$ 的条件,于是将 $g(\lambda_0)$ 在 $2 < \lambda_0 \leqslant 1\,000$ 的范围内进行幂函数拟合,如图 4.8 所示:

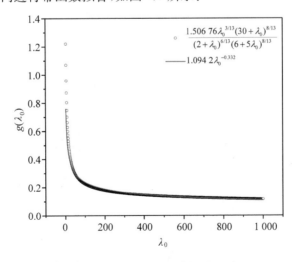

图 4.8　函数 $g(\lambda_0)$ 的幂函数拟合示意图

拟合后 $g(\lambda_0)$ 的表达式如下：

$$g(\lambda_0) = 1.094\,2\lambda_0^{-0.332}\,(2 < \lambda_0 \leqslant 1\,000),\ R^2 = 0.974\,5 \qquad (4\text{-}58)$$

将式(4-58)代入式(4-56)中,则最大流量模数 $K_{\max}$ 的计算公式可以简化为如下形式：

$$K_{\max} = 1.094\,2\lambda_0^{-0.332}\,\frac{Q^{16/13}}{d^{15/26}} \qquad (4\text{-}59)$$

将上式代入式(4-25),可以得到最佳宽深比 λ_0 与流量 Q、输沙率 Q_s 以及床沙代表粒径 d 的关系式：

$$f(\lambda_0) = \frac{Q_s^{2/3}}{d^{\frac{35}{39}}Q^{\frac{4}{13}}} \qquad (4\text{-}60)$$

上式中, $f(\lambda_0)$ 为最佳宽深比 λ_0 的函数,表达式如下：

$$f(\lambda_0) = 4.69\lambda_0^{\frac{167}{1000}}(2+\lambda_0)^{1/6}\left(-0.047 + \frac{0.158\lambda_0^{\frac{1829}{2000}}}{(2+\lambda_0)^{3/4}}\right) \qquad (4\text{-}61)$$

同样将 $f(\lambda_0)$ 在 $2 < \lambda_0 \leqslant 1\,000$ 的范围内进行幂函数拟合,如图 4.9 所示:

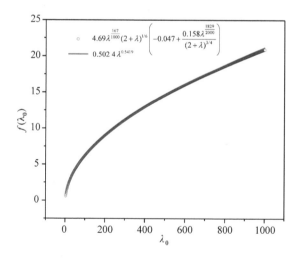

图 4.9　函数 $f(\lambda_0)$ 的幂函数拟合示意图

拟合后 $f(\lambda_0)$ 的表达式如下：

$$f(\lambda_0) = 0.504\,2\lambda_0^{0.541\,9}\,;\ R^2 = 0.997\,9 \tag{4-62}$$

把式(4-62)代入式(4-61)并进行变形，最终可以得到 λ_0 的计算公式：

$$\lambda_0 = 3.561\,8Q^{-0.567\,7}Q_s^{1.230\,2}d^{-1.656} \tag{4-63}$$

将上式回代入式(4-59)，可以得到最大流量模数 $K_{\max}$ 的计算公式：

$$K_{\max} = 0.717\,7Q^{1.419\,1}Q_s^{-0.408\,4}d^{-0.027\,1} \tag{4-64}$$

式(4-63)与式(4-64)即为在流域内来水来沙影响下，河道自动调整至平衡状态时的水力几何条件，其最佳宽深比 λ_0 和最大流量模数 $K_{\max}$ 可以通过式(4-63)与式(4-64)计算得出。

为了验证式(4-63)与式(4-64)的正确性，下文对 4.1.2 节中的两种来水来沙工况进行计算，并把计算值与其理论值进行对比。

两种计算工况分别是：(1) $Q_s = 0.007\ \mathrm{m^3/s}$，$Q = 100\ \mathrm{m^3/s}$，$d = 0.3\ \mathrm{mm}$；(2) $Q_s = 0.002\ \mathrm{m^3/s}$，$Q = 100\ \mathrm{m^3/s}$，$d = 0.3\ \mathrm{mm}$。如表 4.3 所示，在两种工况下 λ_0 与 $K_{\max}$ 的计算值均与理论值保持在一个量级以内，偏差很小，从而验证了式(4-63)与式(4-64)的正确性。

表 4.3　最大流量模数 $K_{\max}$ 及其对应的宽深比 l_0 计算值与理论值的对比

$Q(\mathrm{m^3/s})$	$Q_s(\mathrm{m^3/s})$	$D(\mathrm{mm})$	l_0		$K_{\max}(\mathrm{m^3/s})$	
			理论值	计算值	理论值	计算值
100	0.007	0.3	303	397.371	4 699	4 673.85
100	0.002	0.3	70	85.091	7 925	7 796.01

4.4　分汊河道平衡条件的推求

4.3 节中通过理论推导，得出了单一河道处于平衡状态下的水力几何形态计算公式。然而，分汊河道的边界多变，与不分汊的河道相比，其河道地形、断面形态、水沙运动特性有较大的变化。

　　为了便于理论分析,下文采用图 4.10 所示的两汊河道为研究对象,并假设该两汊河道的主流与汊道断面均为矩形,河床泥沙组成均匀,且水流为恒定均匀流。分汊河道与单一河道最大不同之处表现为:分汊型河道存在着分流区和汇流区,这两区域内的水沙运动与单一河道内的水沙运动规律不同,流量、输沙率在河道的各汊道间重新分配。图 4.10 中,上游直道段末端断面为分流断面,下游直道段初始断面为汇流断面。$m-1$、$n-1$ 为左右汊道的进口断面,1 号断面为左右汊道的出口断面。分流断面到 $m-1$、$n-1$ 断面为分流区,$m-1$、$n-1$ 断面到 1 断面为分汊区,1 断面到汇流断面为汇流区。

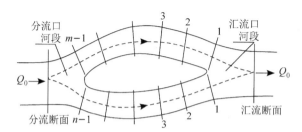

图 4.10　分汊河道分段示意图

　　如图 4.10 所示,河道的来流量与来沙量分别为与 Q_0 与 Q_{s0},左汊的流程长度为 l_L,流量与输沙率分别为 Q_L 与 Q_{sL};右汊的流程长度为 l_R,流量与输沙率分别为 Q_R 与 Q_{sR}。 根据质量守恒原理,有以下关系式成立:

$$Q_0 = Q_L + Q_R \qquad\qquad (4\text{-}65)$$

$$Q_{s0} = Q_{sL} + Q_{sR} \qquad\qquad (4\text{-}66)$$

　　此外,两汊道的水流均从分流断面流进,从汇流断面流出,因此两汊道内水流的水头损失是相同的,即:

$$h_{fL} = h_{fR} \qquad\qquad (4\text{-}67)$$

　　根据方程 $h_f = \dfrac{Q^2}{K^2} l$,上式可以转化为如下的表达形式:

$$\frac{K_L}{K_R} = \frac{Q_L}{Q_R} \sqrt{\frac{l_L}{l_R}} \qquad\qquad (4\text{-}68)$$

当分汊河段受来水来沙影响自动调整至平衡状态时,其左右两汊均处于平衡状态,且流量模数均达到最大值,即:

$$K_L = K_{L\max}, \quad K_R = K_{R\max} \tag{4-69}$$

根据最大流量模数的计算公式(4-64),左右两汊的最大流量模数为:

$$K_{L\max} = 0.717\,7 Q_L^{1.4191} Q_{sL}^{-0.408\,4} d^{-0.027\,1} \tag{4-70}$$

$$K_{R\max} = 0.717\,7 Q_R^{1.419\,1} Q_{sR}^{-0.408\,4} d^{-0.027\,1} \tag{4-71}$$

把以上两式代入式(4-68),得到两汊河道处于平衡的条件为:

$$\sqrt{\frac{l_L}{l_R}} = \left(\frac{Q_L}{Q_R}\right)^{0.419\,1} \left(\frac{Q_{sL}}{Q_{sR}}\right)^{-0.408\,4} \tag{4-72}$$

上式中,等号左端表示左右两汊的流程长度比值,两汊的流程长度主要与河道的平面形态以及江心洲的形状大小有关。一般情况下,曲率大的汊道流程长,曲率小的汊道流程短;等号右端的两项分别表示左右两汊的分流比比值与分沙比比值。上式表明,分汊河道在受来水来沙条件的影响而自动调节的过程中,河道通过调整汊道的水沙分配比例以及江心洲的大小形状,从而最终达到平衡状态。

由式(4-72)还可以看出,分流分沙比的变化直接反映了分汊河道的主支汊的发育程度大小,它们的变化方向是一致的。并且根据式(4-72)中分流比以及分沙比的指数大小可知,分流比对分汊河道平面形态的影响要大于分沙比。

4.5 长江中下游典型弯曲分汊河道的平衡条件研究

本节基于前期调研和现场踏勘,搜集了长江中下游典型弯曲分汊河段的平面形态资料,图4.11给出了5段长江中游典型弯曲分汊河段的河势图。对搜集的资料进行分析,统计结果如表4.4所示:

表 4.4　长江中下游典型弯曲分汊河段平面形态的参数统计

河道名称	汊道段最大曲折率	分汊数	分汊系数	汊河放宽率	长度(km)	宽度(km)	汊道段长宽比	江心洲长宽比
监利河段	1.45	2	2.51	3.05	21	3.3	5.3	3.3
天兴洲	1.18	2	2.23	3.21	31.5	3.9	8.1	6
牧鹅洲	1.41	2	2.5	3.09	19	3.6	5.3	3.7
黄冈	1.27	2	2.38	2.84	15	3.4	4.4	3.5
李家洲	1.47	2	2.88	2.16	16	3.8	4.2	3.3
黄莲洲	1.24	2	2.26	3.3	10	2.6	3.8	3.8
和悦洲	1.29	2	2.31	1.92	14	3.7	3.8	2.7
曹姑洲	1.16	2	2.84	3.04	13	4.8	2.7	3.1
世业洲	1.32	2	2.36	2.95	19	5.7	3.3	3.6
张家洲	1.3	3	2.96	6.82	29	9.4	31	2.8
搁排洲	1.3	3	2.75	14.9	24	9	2.7	2.2
安庆洲	1.39	3	2.31	6.91	16	7.2	2.2	1.3

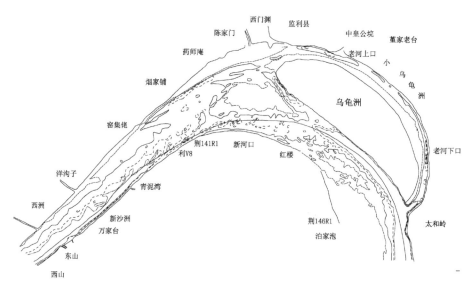

(a) 2003 年 9 月窑监河道河势

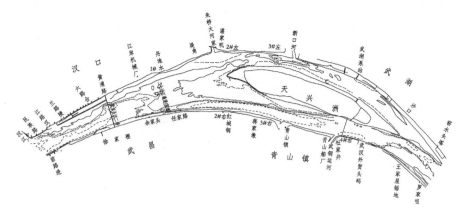

(b) 2005 年 9 月天兴洲河道河势

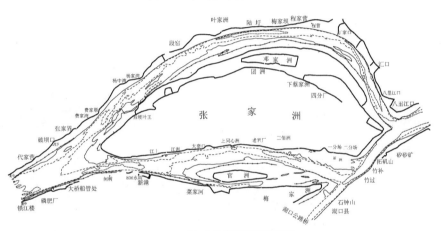

(c) 2003 年 12 月张家洲河道河势

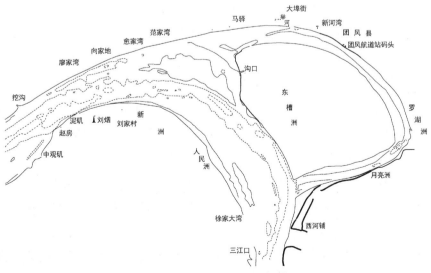

(d) 2005 年 9 月罗湖洲河道河势

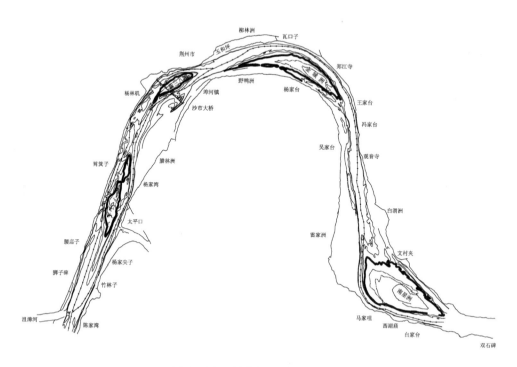

（e）2005年9月沙市～马家咀河道河势

图 4.11　长江中游部分典型弯曲分汊河段河势

由表 4.4 和图 4.11 可以发现,长江中下游的典型弯曲分汊型河道的河心以一个江心洲为主,河道以两汊道为主。并且可以看出,江心洲左右两侧边界的弯曲方向可能相同或者相反(即:江心洲两侧边界所在圆的圆心可能位于江心洲的同侧或者异侧)。由表 4.4 可知,长江中下游典型弯曲分汊河段的平面形态最大曲折率在 1.16～1.47 之间,分汊系数在 2.23～2.96 之间,汊河放宽率在 1.92～14.9 之间,汊道段长宽比在 2.7～6 之间。监利段弯曲分汊河道为两汊河道,最大曲折率为 1.45,分汊系数为 2.51,汊道的放宽率为 3.05,汊道段的长宽比为 4.3,其平面形态的参数值均在表 4.4 统计的范围内,具有明显的代表性。所以下文以监利弯道段 2003 年的实测地形资料[河势如图 4.11(a)所示,此时左汊为支汊,右汊为主汊]为依据设计了两类概化模型,平面布置图如下:

如图 4.12 所示,该模型为一典型的弯曲分汊河道,主流以及两汊的断面均概化为矩形断面,并且河床泥沙组成均匀,水流为恒定均匀流。在自然条件下,位于分汊河道河心的江心洲其平面形态一般是洲头钝圆而洲尾尖锐[128],两侧边界较为光滑,并且位于支汊侧的边界其弯曲度较大,位于主汊侧的边界其弯曲度较小。许多学者在对江心洲的平面形态进行概化设计时,常常把江心洲概化为菱形、等腰三角形等平面形状,这样的概化显然不能反映出自然条件下江心洲的平面形态特点。本模型中江心洲的左右边界 $\overset{\frown}{AMB}$ 与 $\overset{\frown}{ANB}$ 由圆 O_1 与圆 O_2 相交而形成,两圆的半径分别是 r_1 与 r_2,两圆的交点分别是 A 与 B,江心洲即为两圆的重叠区域。圆心 O_1 与 O_2 均位于弯道的角平分线上。对于图 4.11(a)所示的概化模型,圆心 O_1 与 O_2 分别位于江心洲两侧;对于图 4.12(b)所示的概化模型,圆心 O_1 与 O_2 位于江心洲同侧。考虑到图 4.12(a)与图 4.12(b)中两类模型对应的求解过程一致,下文仅针对圆心异侧分布的模型进行研究,圆心同侧分布的模型可以类似求解。

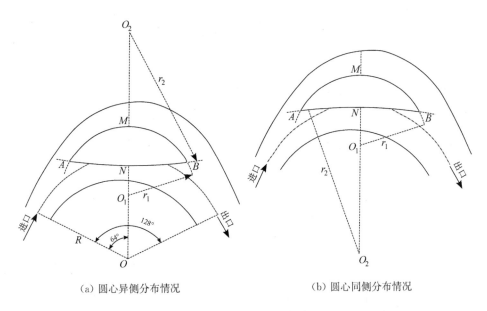

(a) 圆心异侧分布情况   (b) 圆心同侧分布情况

图 4.12　长江中下游典型弯曲分汊河道概化模型平面示意图

引入变量 $\Omega = \dfrac{r_1}{r_2}$,$\Omega$ 值的大小可以定量地表征江心洲左右两汊发育程度的相对大小。Ω 的值越大,表示江心洲左侧边界弯曲程度越小,长度越短,而右侧边界弯曲程度越大,长度越长,此时左汊的流程较短,发育程度较高,对应于左汊为主汊、右汊为支汊的河势；Ω 的值越小，表示江心洲左侧边界弯曲程度越大，长度越长，而右侧边界弯曲程度越小，长度越短，此时右汊的流程较短，发育程度较高，对应于右汊为主汊、左汊为支汊的河势；$\Omega = 1$ 则表示江心洲左右两汊的发育程度相同，为主支汊转换的临界条件。

弯曲分汊河道在上游来水来沙的影响下，通过调整江心洲左右两汊的水沙分配比例来达到平衡状态。洲体左右两侧边界长度的表达式可以用平面几何的知识推导，具体的表达式如下：

$$l_{\overset{\frown}{AMB}} = 2r_1 \arcsin\left(\frac{l_{AB}}{2r_1}\right) \tag{4-73}$$

$$l_{\overset{\frown}{ANB}} = 2r_2 \arcsin\left(\frac{l_{AB}}{2r_2}\right) \tag{4-74}$$

以上两式中，$l_{\overset{\frown}{AMB}}$ 为江心洲左侧边界的长度；$l_{\overset{\frown}{ANB}}$ 为江心洲右侧边界的长度；l_{AB} 为江心洲洲体的长度，如图 4.12 所示。

将 $\arcsin\dfrac{l_{AB}}{2r_2}$ 在 $(0.01, 0.99)$ 内进行幂函数拟合，如图 4.13 所示：

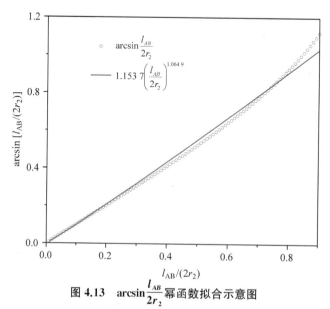

图 4.13 $\arcsin\dfrac{l_{AB}}{2r_2}$ 幂函数拟合示意图

拟合之后的 $\arcsin \dfrac{l_{AB}}{2r_2}$ 可以近似表达为如下的形式：

$$\arcsin \frac{l_{AB}}{2r_2} = 1.153\,7 \left(\frac{l_{AB}}{2r_2}\right)^{1.064\,9}, \; R^2 = 0.995\,8 \tag{4-75}$$

类似地，将 $\arcsin\left(\dfrac{l_{AB}}{2r_1}\right)$ 用相同的幂函数进行拟合：

$$\arcsin \frac{l_{AB}}{2r_1} = 1.153\,7 \left(\frac{l_{AB}}{2r_1}\right)^{1.064\,9}, \; R^2 = 0.995\,8 \tag{4-76}$$

将式(4-76)与(4-75)分别代入洲体两侧边界长度的计算公式(4-73)与(4-74)，得到如下的简化表达式：

$$l_{\overset{\frown}{AMB}} = 2.3074r_1 \left(\frac{l_{AB}}{2r_1}\right)^{1.064\,9} \tag{4-77}$$

$$l_{\overset{\frown}{ANB}} = 2.307\,4r_2 \left(\frac{l_{AB}}{2r_2}\right)^{1.064\,9} \tag{4-78}$$

上一节推导得出了两汊河道处于平衡的条件为式(4-72)。在图 4.12 所示的模型中，水流分流之后沿着江心洲左右边界流动，直至在下游的主河道汇合，左右两汊的流程长度近似取为 $l_L = l_{\overset{\frown}{AMB}}$、$l_R = l_{\overset{\frown}{ANB}}$。 将 $l_{\overset{\frown}{AMB}}$ 以及 $l_{\overset{\frown}{ANB}}$ 代入到式(4-72)中，即：

$$\sqrt{\frac{l_{\overset{\frown}{AMB}}}{l_{\overset{\frown}{ANB}}}} = \left(\frac{Q_L}{Q_R}\right)^{0.419\,1} \left(\frac{Q_{sL}}{Q_{sR}}\right)^{-0.408\,4} \tag{4-79}$$

将 $l_{\overset{\frown}{AMB}}$ 以及 $l_{\overset{\frown}{ANB}}$ 的计算公式(4-77)和(4-78)代入上式，可得如下的表达式：

$$\Omega = \left(\frac{Q_R}{Q_L}\right)^{12.915\,2} \left(\frac{Q_{sR}}{Q_{sL}}\right)^{-12.585\,5} \tag{4-80}$$

上式为分汊河道处于平衡状态时，江心洲左右两汊发育程度之比 Ω 与两汊道分流分沙比之间满足的函数关系式。当 $\Omega = 1$ 时，式(4-80)简化为如下的表达式：

$$\frac{Q_{sR}}{Q_{sL}} = \left(\frac{Q_R}{Q_L}\right)^{1.0262} \tag{4-81}$$

上式即为 $\Omega = 1$ 时,处于平衡状态的分汊河道左右两汊满足的分流比与分沙比关系,表示在式(4-81)所示的水沙条件下分汊河道两汊的发育程度相同,式(4-81)即为分汊河道主支汊转换的临界水沙条件。

对于长江中下游一般的弯曲分汊河道而言,江心洲左右两汊是不对称的,如图 4.11 所示。位于凹岸侧的汊道曲率较大,流程较长,为支汊;位于凸岸侧的短汊曲率较小,流程较短,为主汊。所以在长江中下游典型的弯曲分汊河道中一般有 $\Omega < 1$ 的关系存在。根据分汊河道达到平衡的条件(4-80),若要保持图 4.12 所示的分汊河势稳定,必须要满足以下的条件:

$$\Omega = \left(\frac{Q_R}{Q_L}\right)^{12.9152} \left(\frac{Q_{sR}}{Q_{sL}}\right)^{-12.5855} < 1 \tag{4-82}$$

由上式可知,只有满足短汊的分流比小于其分沙比时,短汊为主汊的河势才能保持下去,该结论与文献[125]中的结论一致。

对于如图 4.12(a)所示的概化模型,根据监利弯道段 2003 年的实测地形资料,有 $r_1 = 3.4$ m, $r_2 = 23.68$ m,故此时 $\Omega = 0.1436$。 将该值代入式(4-80)中,可以得出两汊分流比与分沙比的比值 Q_R/Q_L 与 Q_{sR}/Q_{sL} 之间的关系,表达式如下:

$$\frac{Q_{sR}}{Q_{sL}} = 1.1667 \left(\frac{Q_R}{Q_L}\right)^{1.0262} \tag{4-83}$$

上式即为在 $\Omega = 0.1436$ 的情况下,平衡状态下的分汊河道,其两汊分流比比值与分沙比比值之间应当满足的关系式。为了验证该公式的正确性,下文选用 2003 年 7 月监利河段实测的水沙资料进行计算。此时该河段左右两汊的分流比分别为 11.6%、88.4%,左右两汊的分沙比分别是 9.7%、$90.3\%^{[129]}$,因此有 $Q_R/Q_L = 7.62$, $Q_{sR}/Q_{sL} = 9.31$。

图 4.14 给出了监利弯道段两汊道分流比比值与分沙比比值的实测值与计算值之间的对比。可以发现,与 2003 年 7 月实测值对应的散点恰好落在了公式(4-83)所在的直线上,二者之间的偏差极小。由于图 4.12(a)的模型是基于监利弯道段 2003 年的实测地形资料设计的,分流分沙比实测值与计

算值之间的吻合不仅说明了概化模型以及公式(4-80)的正确性,可以用来对弯曲分汊河道的分汊河势进行预测。由于公式(4-80)的理论基础是上文提出的最大流量模数原理,这也从侧面说明了该原理的正确性。

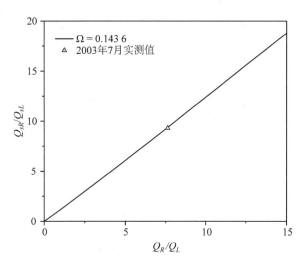

图 4.14　2003 年 7 月实测分流分沙比与计算值的对比

下文根据监利弯道段两段历史时期的实测水沙数据:1982—1989 年期间的 7 组数据、1990—1993 年期间的 4 组数据[75],对该河段分汊河势的历史演变规律进行分析。两段历史时期的水沙资料如表 4.5 所示:

表 4.5　监利段弯曲分汊河道左右两汊的历史分流比与分沙比

时间	左汊分流比 (%)	右汊分流比 (%)	Q_R/Q_L	左汊分沙比 (%)	右汊分沙比 (%)	Q_{sR}/Q_{sL}
	90.726	9.274	0.102	98.255	1.745	0.018
	70.161	29.839	0.425	69.664	30.336	0.436
	73.387	26.613	0.363	75.705	24.295	0.321
1982—1989 年	85.081	14.919	0.175	88.591	11.409	0.129
	78.226	21.774	0.278	80.134	19.866	0.248
	81.855	18.145	0.222	84.161	15.839	0.188
	77.823	22.177	0.285	76.107	23.893	0.314

（续表）

时间	左汉分流比（%）	右汉分流比（%）	Q_R/Q_L	左汉分沙比（%）	右汉分沙比（%）	Q_{sR}/Q_{sL}
	39.919	60.081	1.505	29.799	70.201	2.356
1990—1993 年	53.629	46.371	0.865	53.96	46.04	0.853
	53.629	46.371	0.865	58.792	41.208	0.701
	49.597	50.403	1.016	49.53	50.47	1.019

将两个时间段内的分流比与分沙比实测数据与 $\Omega=0.143\,6$ 以及 $\Omega=1$ 对应的分流比分沙比绘于图 4.15 中。其中 $\Omega=0.143\,6$ 为图 4.12(a)所示模型的设计值，对应于 2003 年监利河道的实际河势，此时右汉为主汉，左汉为支汉；$\Omega=1$ 则表示分汉河道河心的江心洲左右两侧边界具有相同的弯曲程度，发育程度相同，此时左右两汉的分流比比值与分沙比比值满足分汉河道主支汉转换的临界水沙条件式(4-81)。

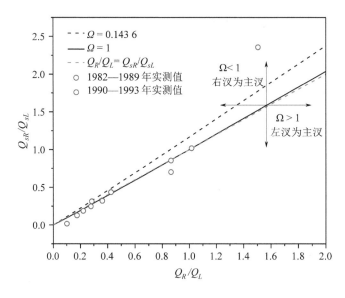

图 4.15 监利段弯曲分汉河道 1982—1989 年与 1990—1993 年分流分沙比与分汉河势关系示意图

当 $Q_{sR}/Q_{sL}>(Q_R/Q_L)^{1.026\,2}$ 时，有 $\Omega<1$，此时右汉为主汉，左汉为支汉；当 $Q_{sR}/Q_{sL}<(Q_R/Q_L)^{1.026\,2}$ 时，有 $\Omega>1$，此时左汉为主汉，右汉为支汉。长江中下游典型的弯曲分汉河道中一般是短汉为主汉，如图 4.11 所示，此时

有 $\Omega < 1$ 的关系存在。根据分汊河道河势变化的临界水沙条件[式(4-81)]，只有满足短汊的分流比小于分沙比的 0.974 5 次方时，才能保持短汊为主汊的河势稳定，这点是对式(4-82)分析结果的补充。

如图 4.15 中所示，在 $\Omega = 1$ 实线的左上方区域，均有 $\Omega < 1$ 的条件成立，表示在该区域内的分汊河势为右汊为主汊；在 $\Omega = 1$ 实线的右下方区域，均有 $\Omega > 1$ 的条件成立，表示在该区域内的分汊河势为左汊为主汊。

图 4.15 中绿色虚线为左右两汊分流比均等于分沙比的情形，即：$Q_R/Q_0 = Q_{sR}/Q_{s0}$、$Q_L/Q_0 = Q_{sL}/Q_{s0}$。可以发现，若两条汊道中右汊为支汊，即 $\Omega > 1$ 的情况，此时右汊的分流比一般都大于其分沙比，即有 $Q_R/Q_0 > Q_{sR}/Q_{s0}$，只有极少数位于黑色虚线与绿色虚线之间的区域是特殊情况。在这个区域内右汊为支汊，但是右汊的分流比小于其分沙比，即：$Q_R/Q_0 < Q_{sR}/Q_{s0}$；若两条汊道中右汊为主汊，即 $\Omega < 1$ 的情况，此时右汊的分流比总是小于其分沙比，即：$Q_R/Q_0 < Q_{sR}/Q_{s0}$。所以得出以下的结论：一般情况下，分汊河道处于平衡状态时，支汊的分流比大于分沙比，主汊的分流比小于分沙比。例外的情况极少，其范围可由以下的不等式方程组确定：

$$\begin{cases} \Omega > 1 \\ Q_R/Q_L < Q_{sR}/Q_{sL} \\ (Q_R/Q_L)^{1.026\,2} > Q_R/Q_L \end{cases} \tag{4-84}$$

把式(4-80)代入上述方程组，可以求得例外情况所对应分流分沙比的变化范围为：

$$\frac{Q_R}{Q_L} < \frac{Q_{sR}}{Q_{sL}} < \left(\frac{Q_R}{Q_L}\right)^{1.026\,2}, \text{且} \frac{Q_R}{Q_L} > 1 \tag{4-85}$$

上式的物理意义为：当分汊河道两汊道的分流比与分沙比满足上述关系时，该分汊河道的稳定河势为左汊为主汊，右汊为支汊。此时两汊道的分流比与分沙比不满足一般条件下的分流分沙比规律，即：支汊的分流比大于分沙比，主汊的分流比小于分沙比。

图 4.15 中，1982—1989 年的 7 组实测水沙资料中有 5 组数据位于 $\Omega =$

1 实线下方,只有两组数据位于 $\Omega = 1$ 实线上方,表示 1982—1989 年期间分汊河道的河势基本表现为左汊为主汊,右汊为支汊。在监利弯道段的历史演变过程中,1982—1989 年期间左汊为主汊,其平均分流比为 79.4%,平均分沙比为 82%[130],图 4.15 的计算结果与监利河道的历史实际情况是吻合的。

1990—1993 年的 4 组实测水沙资料中,有两组数据恰好位于 $\Omega = 1$ 实线上,其他两组数据分别位于 $\Omega = 1$ 实线两侧,说明在 1990—1993 年期间,分汊河道的主支汊河势发生过转换。在监利弯道段的历史演变过程中,1990—1993 年期间左汊萎缩,右汊逐渐冲刷发育,致使两汊的分流比与分沙比逐渐演变为比较接近的状态[130]。根据图 4.15 所示计算结果,其与监利河道的历史实际情况也是极为吻合的。

以上的分析结果表明,公式(4-80)、(4-81)以及图 4.15 能够真实反映长江中下游弯曲分汊河道河势的变化规律,并且具有较高的精度,可以用来对长江中下游的弯曲分汊河道的河势变化进行反演研究。

类似地,把公式(4-83)中右端分汊河道两汊的分流比比值与分沙比比值表示为 Q_L/Q_R 以及 Q_{sL}/Q_{sR},则公式(4-83)可以表达为另一种形式:

$$\frac{Q_{sL}}{Q_{sR}} = 0.857\,1\left(\frac{Q_L}{Q_R}\right)^{1.026\,2} \tag{4-86}$$

同样将 $\Omega = 1$ 对应的分流比分沙比绘于图 4.16 中。其中 $\Omega = 0.143\,6$ 为图 4.12(a)所示模型的设计值,表示监利河段在 2003 年的实际主支汊河势;$\Omega = 1$ 则表示分汊河道河心的江心洲其左右两侧边界具有相同的弯曲程度,即左右两条汊道具有相同的发育程度,位于该实线上的分流比分沙比就是分汊河道河势转换的临界水沙条件,此时左右两汊的分流比与分沙比满足式(4-81)。

为了验证上文推导出的式(4-80)与式(4-81)是否具有对长江中下游弯曲分汊河道的河势变化进行预测的能力,下文基于 8 组时段内的分流比与分沙比数据进行绘图,如表 4.6 所示。其中前 4 组数据为实测数据,分别来源于文献[131]与文献[129],后 4 组数据为 4.5 节中数学模型的计算值。

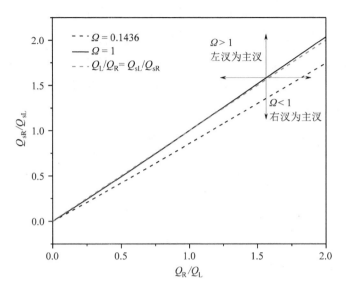

图 4.16 监利段弯曲分汊河道分流分沙比与分汊河势关系示意图

表 4.6 监利弯道段分流比与分沙比统计

时段	左汊分流比（%）	右汊分流比（%）	Q_R/Q_L	左汊分沙比（%）	右汊分沙比（%）	Q_{sR}/Q_{sL}
1982—1989 年平均	79.4	20.6	0.259	82	18	0.22
1990—1993 年平均	50.1	49.9	0.996	48.6	51.4	1.058
2001—2002 年平均	9.8	90.2	9.204	9.4	90.6	9.638
2003 年 7 月	11.6	88.4	7.621	9.7	90.3	9.309
2010 年 12 月	3.738	96.262	25.755	2.586	97.414	37.667
2015 年 12 月	2.796	97.204	34.771	2.399	97.601	40.681
2020 年 12 月	3.196	96.804	30.288	2.712	97.288	35.873
2025 年 12 月	4.241	95.759	22.581	3.228	96.772	29.98

注：2010 年 12 月—2025 年 12 月的分流比与分沙比计算值取自（2006、2007 年）3♯ 与 4♯ 水文检测断面。

图 4.17 给出了不同时段内两汊发育程度相对大小参数 Ω 的变化趋势，图中横坐标为时间，纵坐标为表征江心洲左右两汊发育程度相对大小的变量

Ω,计算公式为(4-80)。明显发现,图中 Ω 的变化曲线以 2001—2002 年为界,分为了两个部分。在 2001—2002 年以前,Ω 的值在 $\Omega=1$(图 4.17 中的黑色虚线)的上下浮动,在 2001—2002 年以后,Ω 的值稳定在了 $\Omega=1$ 下方。由上文的分析可知,$\Omega < 1$ 表示在该区域内的监利弯道段其平衡状态下的分汊河势为右汊为主汊,左汊为支汊;$\Omega > 1$ 表示在该区域内的监利弯道段其平衡状态下的分汊河势为左汊为主汊,右汊为支汊。在 2001—2002 年以前,监利弯道段对应于平衡状态下的分汊河势有周期性变动的规律;在 2003 年三峡水利枢纽围堰挡水发电之后,进入长江中下游的水沙条件发生了明显变化,尤其是含沙量在水库运用的初中期改变很大,水沙条件的变异对长江中下游河段的水沙运动特征和河床演变趋势将产生深远影响。为了适应水沙条件的变化,下游河道的河势会不断进行自我调整。对于窑监段的弯曲分汊河道,在低含沙量水流的长期作用下,其在自然条件下的主支汊周期性易位规律将不复存在,右汊为主汊的分汊河势将长久地存在下去。图4.17所示的 Ω 值的变化规律也说明了这一趋势。该河道自 1995 年河道主流恢复走右汊以后,右汊为主汊的河势没有发生过改变,并且可以预测在新水沙条件下右汊为主汊的河势能够长期保持下去。

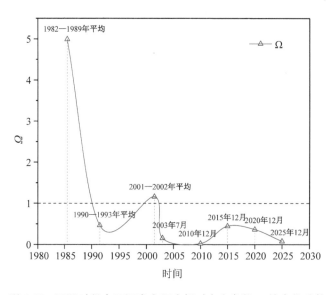

图 4.17 不同时段内两汊发育程度相对大小参数 Ω 的变化趋势

以上的分析结果表明,公式(4-80)以及(4-81)能够真实地反映长江中下游弯曲分汊河道河势的变化规律,并且具有较高的精度,可以用来对长江中下游的弯曲分汊河道的河势变化进行反演和预测研究。

4.6 本章小结

本章在对河相关系研究中常用的极值假说进行了对比分析之后,找出了各种极值假说之间的内在联系,然后基于最小阻力原理提出了最大流量模数原理,并从数学与应用两个方面对该原理的正确性进行了证明。

鉴于在以往的河相关系研究中以及在使用极值假说的过程中,对河道的断面形式、水流阻力方程以及输沙率方程的选用具有一定程度的主观随意性,没有考虑选用不同的控制方程,或者不同控制方程之间的组合会对最终求解得到的河流平衡状态下的水力几何形态是否有影响或者影响程度有多大。本章对河岸坡度的大小、输沙率方程以及水流阻力方程的选用对河流平衡状态下的水力几何形态的影响进行了敏感性分析,然后基于最大流量模数原理推导出了河流处于平衡状态下的最佳宽深比以及最大流量模数与流域内来水来沙条件的函数关系式,并基于此关系式推导出了两汊河道处于平衡状态的水沙条件。最后本章基于长江中下游典型弯曲分汊河道的平面形态参数资料,以及监利弯道段 2003 年的实测地形资料,设计出两类弯曲分汊河道的平面概化模型,并引入了一个可以定量表征江心洲左右两汊发育程度相对大小的变量 Ω,然后基于最大流量模数原理以及设计的平面概化模型,对分汊河道的主支汊易位规律进行了研究。最终推导出了长江中下游典型弯曲分汊河道在平衡状态下的主支汊河势与分流分沙比之间的函数关系式以及主支汊河势转换的临界水沙条件,并运用监利弯道段 2003 年、1982—1989 年、1990—1993 年的实测水沙数据以及数学模型的计算结果,对主支汊河势转换的临界水沙条件进行了验证,验证结果表明该方法能够真实反映长江中下游典型弯曲分汊河道河势的变化规律,并且具有较高的精度,可以用来对长江中下游的弯曲分汊河道的河势变化进行反演与长期的预测。对于窑监段的弯曲分汊河道,其在低含沙量水流的长期作用下,自然条件下的主支汊周期性易位规律将不复存在,右汊为主汊的分汊河势将长期保持下去。

5

结论与展望

5.1 结论

本书以窑监河道以及长江中下游其他典型的弯曲分汊河道为研究对象，通过分析三峡水利枢纽运行前后下游河道内来水来沙条件的变化，研究了三峡水利枢纽运行后长江中下游的新水沙特性，并在实测的水沙数据和地形资料基础上，基于平面二维水沙输运与河床变形数学模型研究了在水沙变异条件下窑监河道的水沙运动特点以及河床演变规律。此外，本书还基于冲积河流河相关系研究中常用的极值假说方法，研究了弯曲分汊河道水力几何形态变化的特点。

本书首先基于浅水方程以及非平衡泥沙输运理论建立了平面二维水沙输运与河床变形数学模型，然后采用该模型对窑监河道进行了水沙输运与河床变形计算以及演变趋势预测。为了便于比较不同来水来沙条件对窑监河道的冲淤影响，本书采用了两种工况：上游建库减沙工况以及清水冲刷极限工况，分别对窑监河道进行 20 年以及 10 年的河床变形计算与演变趋势预测。此外，本书基于河相关系研究中常用的极值假说原理以及最小阻力原理，提出了最大流量模数原理，并运用该原理对分汊河道的主支汊易位规律进行了研究，提出了长江中下游弯曲分汊河道在平衡状态下的主支汊河势与分流分沙比之间的函数关系式以及主支汊河势转换的临界水沙条件。

本书的主要研究成果可以概括为理论与应用两个方面。理论方面的研究成果有四点,分别是:

(1) 基于传统的一维以及多维 MUSCL 数值重构方法,本书提出了一种新型的多维数值重构技术,该方法继承了传统多维 MUSCL 格式的所有优点,并且考虑了三角形计算单元的几何特点与分布特征,相比于传统的数值重构方法,其计算稳定性更好,在不牺牲计算精度的前提下也能提高计算效率。

(2) 针对在传统的河床变形计算过程中,非黏性泥沙水下休止角这一限制因素极少被考虑,导致了河床变形计算过程中的物理机制不够完善。在水沙条件变异情况下沙质河床的冲淤变形较大,计算过程中的床面高程可能出现非物理大坡度的情况。本书基于泥沙的质量守恒定律提出了在非结构网格上的河床高程校正方法,该方法考虑了床面坡度在重力作用下的重构过程,符合河床变形的实际情况,进一步完善了数学模型的物理机制。

(3) 针对在河相关系研究中较为经典、影响力较大的两种水流能耗率极值原理(最大、最小水流能耗率极值原理)之间长期存在的争议问题,本书基于最小阻力原理创新性地提出了最大流量模数原理,并在数学与应用两方面对该原理的正确性进行了证明。最大流量模数原理可以调和两种水流能耗率极值原理之间的争议,且二者均是最大流量模数原理在不同约束条件下的表现形式,因而具有易接受性和普遍的适用性。

(4) 本书基于最大流量模数原理推导出了河流在平衡状态下的最佳宽深比以及最大流量模数与来水来沙条件以及床沙代表粒径之间的函数关系式,并对这两个函数关系式的正确性进行了验证。

本书在应用方面的研究成果有两点,分别是:

(1) 考虑长江上游水库建成产生的减沙影响,把三峡工程初设阶段的60水沙系列进行减沙处理后对窑监河段进行了 20 年的预测计算(上游建库减沙工况),以及清水冲刷极限条件下 10 年的预测计算(清水冲刷极限工况)。上游建库减沙工况的预测结果表明,三峡水利枢纽蓄水运行之后,窑监河道上游的窑集佬直道段水道内主流摆动空间增大,有发生崩岸现象的可能性,断面向宽浅方向转化;窑监段分汊河段左汊逐渐淤积,但是淤积幅度不大,不会彻底萎缩,而右汊整体呈现冲刷趋势,所以该河段的分汊河势总体朝着稳定的方向发展,即短汊的发展速度相对更快,原本短汊为主汊的地位进一步得到了巩固;乌龟洲下游凸岸的丙寅洲中部边滩受低含沙水流冲刷明显,出现了撇弯切滩的现象。凸岸边滩遭冲刷后难以恢复,滩槽格局与断面形态发生明显调整,断面形态由偏"V"型向双槽的"W"型转化;三峡水利枢纽蓄水运行后,乌龟洲两汊分流口口门处的交错浅滩的碍航情况将继续存在,本河道内可能会出现严重碍航的局面。需要在采取常规维护措施的之外辅以必要的束水攻沙措施才能改善乌龟洲右汊进口段的通航条件。清水冲刷极限工况的预测结果表明,在清水冲刷的极限条件下,乌龟洲左汊会被彻底堵塞而消亡,右汊作为主汊的分汊河势将长期存在下去。乌龟洲右汊出口段的边滩被切割之后持续挤压主槽宽度,加之该区域水流分散,出现了持续淤积的不利情况,与右汊进口段的浅滩一起成为右汊主航道的主要碍航区域。为了维护该河段右汊主槽以及大马洲水道进口段的通航条件,不仅需要改善乌龟洲右汊进口段的通航条件,还需要对乌龟洲下游凸岸的丙寅洲边滩进行相关的护滩工程,防止该段边滩继续被冲刷切割,从而有利于右汊主槽和洲尾下游航深的维护。

(2) 依据搜集的长江中下游典型弯曲分汊河道的平面形态参数资料以及监利弯道段 2003 年的实测地形资料,设计出两类弯曲分汊河道的平面概化模型。基于最大流量模数原理与设计的平面概化模型,对分汊河道的主支汊易位规律进行了研究。提出了分汊河道在平衡状态下的主支汊河势与分流分沙比之间的函数关系式以及主支汊河势转换的临界水沙条件,并运用监利弯道段 2003 年、1982—1989 年、1990—1993 年三段历史时期的实测水沙数据以及数学模型的计算结果对主支汊河势转换的临界水沙条件进行了验证,验证结果表明该方法能够真实地反映长江中下游弯曲分汊河道河势的变化规律,并且具有较高的精度,可以用来对长江中下游的弯曲分汊河道的河势变化进行反演与长期的预测。对于窑监段的弯曲分汊河道,可以预测其在自然条件下的主支汊周期性易位规律将不复存在,右汊为主汊的分汊河势将长久地存在下去。

5.2 展望

鉴于弯曲分汊河道中的水沙运动和河床变形规律十分复杂,研究手段也丰富多样。在本书研究的基础上，对长江中下游典型弯曲分汊河道的研究仍有待于进一步的深入研究，具体内容如下：

（1）三峡水利枢纽蓄水运行之前，长江中下游的弯曲河段左右两岸受弯道二次流的影响满足自然条件下的"凹冲凸淤"规律。而在三峡水利枢纽蓄水运行之后，长江中下游不少弯曲河段的凸岸边滩受到了强烈冲刷，处于"凹淤凸冲"的状态，如：石首河段、碾子湾河段、调关河段、莱家铺河段、熊家洲河段、七弓岭河段、观音洲河段等。本书在窑监河道的河床变形计算中也预测到了位于凸岸的丙寅洲中部边滩持续冲刷，在上游建库减沙工况下的预测计算中，计算至20年后该区域就出现了撇弯切滩的现象。对于三峡水利枢纽蓄水之后下游弯曲河道凸岸边滩普遍遭受冲刷的原因，可以从河道的边界条件以及来水来沙条件两方面来进行研究，但这里有三个问题需要进行先一步的考虑：一是人工的凹岸守护工程保护了弯曲河段的凹岸，直接改变了河道左右两岸的抗冲性相对大小，这是否有利于三峡水利枢纽蓄水之后"凹淤凸冲"现象的发生。二是弯曲河道的曲率半径大小是否与凸岸边滩的冲刷程度有关。直观的感受是河道的曲率半径越小则凸岸边滩遭受冲刷的强度越大，如何定量地表达这二者之间的关系也是一个亟待解决的问题。三是在弯曲河段凸岸边滩遭受冲刷之后，主流走直而河道的曲率半径变大。这种情况下如何定量地描述河道曲率半径与三峡水利枢纽蓄水运行之后的水沙条件之间的关系也是需要考虑的问题。

（2）本书基于最大流量模数原理，对分汊河道的主支汊易位规律进行了研究，并推导出了分汊河道处于平衡状态时主支汊河势与分流分沙比之间的函数关系式以及主支汊河势转换的临界水沙条件关系式。在使用这两个关系式进行分汊河势演变趋势预测的时候有两个问题需要先一步进行考虑：一是概化模型设计的时候 r_1 与 r_2 如何选取。r_1 与 r_2 必须依据所研究河段的实测地形资料进行选取，然而由于分汊河道河心江心洲洲体的左右两侧边界不是一个绝对意义上的圆弧，在 r_1 与 r_2 的选取过程中仍然具有一定的主观性。因此，根据实测的地形资料如何更加准确地实现 r_1 与 r_2 的取值、如何相对准确地设计出分汊河道的概化模型，这两点均需要进行进一步的研究。二是分汊河道两条汊道的分流比与分沙比如何进行定量化的表达。论文在推导出式(4-80)与式(4-81)之后,采用了监利弯道段的实测水沙数据与数学模型计算得到的水沙数据对其进行了验证,验证结果表明这两个关系式能够准确地表达出平衡状态下的分汊河道河势与汊道分流分沙比之间的关系,但是在使用式(4-80)与式(4-81)进行分汊河势预测之前需要把两汊的分流比与分沙比进行定量化表达,然后才能确定分汊河道河势的发展趋势。这一点在三峡水利枢纽蓄水运行之后,长江中下游的水沙条件发生变异的情况下尤其重要。如何定量化地表示分汊河段在水沙变异条件下的分流比与分沙比也是下一阶段研究的重点。

参 考 文 献

［1］张明进.新水沙条件下荆江河段航道整治工程适应性及原则研究［D］.天津大学,2014.

［2］陈建波.区域经济视角下三峡工程系统服务长江经济带科学发展研究［D］.武汉大学,2017.

［3］刘晓菲.长江中游典型弯曲分汊河型演变趋势研究［A］.上海《水动力学研究与进展》杂志社.第二十届全国水动力学研讨会文集［C］.上海《水动力学研究与进展》杂志社：上海《水动力学研究与进展》杂志社,2007：7.

［4］周兴建.长江航运发展环境分析及趋势研究［D］.武汉理工大学,2004.

［5］王秀英,李义天,王东胜,等.水库下游非平衡河流设计最低通航水位的确定［J］.泥沙研究,2008(06)：61-67.

［6］任昊.三峡水库建成后葛洲坝枢纽近坝段治理措施初步研究［A］.上海《水动力学研究与进展》杂志社.第二十届全国水动力学研讨会文集［C］.上海《水动力学研究与进展》杂志社：上海《水动力学研究与进展》杂志社,2007：6.

［7］陈立,周银军,闫霞,等.三峡下游不同类型分汊河段冲刷调整特点分析［J］.水力发电学报,2011,30(03)：109-116.

［8］假冬冬,夏海峰,陈长英,等.岸滩侧蚀对航道条件影响的三维数值模拟——以长江中游太平口水道为例［J］.水科学进展,2017,28(02)：222-230.

［9］张耀先,焦爱萍.弯曲型河道挟沙水流运动规律研究进展［J］.泥沙研究,2002(02)：52-58.

［10］卢金友,姚仕明.水库群联合作用下长江中下游江湖关系响应机制［J］.水利学报,2018,49(01)：36-46.

［11］李琳琳,余锡平.分汊河道分沙的三维数值模型［J］.清华大学学报(自然科学版),2009,49(09)：1492-1497.

［12］许海勇.弯曲分汊河道水沙运动及河床演变二维数值模拟［D］.重庆交通大学,2016.

［13］沈永明,刘诚.弯曲河床中底沙运动和河床变形的三维 k-ε-k_p 两相湍流模型［J］.中国科学(E 辑:技术科学),2008(07):1118-1130.

［14］哈岸英,刘磊.明渠弯道水流运动规律研究现状［J］.水利学报,2011,42(12):1462-1469.

［15］张红武,吕昕.弯道水力学［M］.北京:水利电力出版社,1993.

［16］张植堂,林万泉,沈勇健.天然河弯水流动力轴线的研究［J］.长江水利水电科学研究院学报,1984(00):47-57.

［17］王平义,赵世强,蔡金德.弯曲河道推移质输沙带的研究［J］.泥沙研究,1995(02):42-48.

［18］王平义.弯曲河道动力学［M］.成都:成都科技大学出版社,1995.

［19］谈立勤,蔡金德,王平义.冲积河弯水流结构及床面切力计算［J］.成都科技大学学报,1992(06):7-16+24.

［20］王韦,蔡金德.冲积河弯床面高程的数值预报［J］.泥沙研究,1991(01):36-43.

［21］刘焕芳,张开泉.弯道床面剪切力的分布［J］.水资源与水工程学报,1993(04):21-27.

［22］Yeh K C, Kennedy J F. Moment model of nonuniform channel-bend flow. I: Fixed beds［J］. Journal of Hydraulic Engineering, 1993, 119(7): 776-795.

［23］Odgaard A J. Meander flow model. I: Development［J］. Journal of Hydraulic engineering, 1986, 112(12): 1117-1135.

［24］李大鸣,焦润红,吕小海.蜿蜒河道水流数值模拟及其应用［J］.天津大学学报,2004(01):54-59.

［25］刘玉玲,刘哲.弯道水流数值模拟研究［J］.应用力学学报,2007(02):310-312+346.

［26］方春明.考虑弯道环流影响的平面二维水流泥沙数学模型［J］.中国水利水电科学研究院学报,2003(03):26-29.

［27］华祖林.拟合曲线坐标下弯曲河段水流三维数学模型［J］.水利学报,2000(01):1-8.

［28］吴修广,沈永明,潘存鸿.天然弯曲河流的三维数值模拟［J］.力学学报,2005(06):19-26.

［29］王博.连续弯道水流及床面变形的试验研究［D］.清华大学,2008.

［30］许栋,白玉川,谭艳.蜿蜒河流演变动力过程及其研究进展［J］.泥沙研究,2011(04):72-80.

［31］Shao X, Wang H, Chen Z. Numerical simulation of turbulent flow in helically coiled open-channels with compound cross-sections[J]. Science in China Series E: Technological Sciences, 2004, 47(1): 97-111.

[32] 魏文礼,郭扬扬,张泽伟,等.60°弯道丁坝水流水力特性数值模拟研究[J].水力发电学报,2017,36(09):91-99.

[33] 严以新,葛亮,高进.最小能耗率理论在分汊河段的应用[J].水动力学研究与进展(A辑),2003(06):692-697.

[34] 尤联元.分汊型河床的形成与演变——以长江中下游为例[J].地理研究,1984(04):12-24.

[35] 丁君松,丘凤莲.汊道分流分沙计算[J].泥沙研究,1981(1):58-64+57.

[36] 丁君松,杨国禄,熊治平.分汊河段若干问题的探讨[J].泥沙研究,1982(4):39-51.

[37] Li Z, Wang Z, Pan B, et al. The development mechanism of gravel bars in rivers [J]. Quaternary international, 2014, 336: 72-79.

[38] 余新明,谈广鸣,张悦,等.分汊河道水沙输移特征试验[J].武汉大学学报(工学版),2007(04):9-12+17.

[39] 姚仕明,余文畴,董耀华.分汊河道水沙运动特性及其对河道演变的影响[J].长江科学院院报,2003(01):7-9+16.

[40] 张为,李义天,江凌.三峡水库蓄水后长江中下游典型分汊浅滩河段演变趋势预测[J].四川大学学报(工程科学版),2008(04):17-24.

[41] 朱玲玲,葛华,李义天,等.三峡水库蓄水后长江中游分汊河道演变机理及趋势[J].应用基础与工程科学学报,2015,23(02):246-258.

[42] 徐程,陈立,唐荣婕,等.丹江口库区大孤山分汊段冲淤变化及趋势分析[J].泥沙研究,2016(01):19-23.

[43] 童朝锋.分汊口水沙运动特征及三维水流数学模型应用研究[D].河海大学,2005.

[44] 刘忠保,丁君松.分汊河道床面阻力规律探讨[J].武汉水利电力学院学报,1992(2):46-51.

[45] 刘亚坤,曾平.天然分汊河流的平面二维数值模拟[J].水利学报,1996(7):47-53.

[46] 余文畴.长江中游下荆江蜿蜒型河道成因初步研究[J].长江科学院院报,2006(06):9-13.

[47] 李克锋,赵文谦,李嘉,等.分汊河段流场的数值模拟与实验检验[J].水利学报,1995(12):82-88.

[48] Ramamurthy A S, Satish M G. Division of flow in short open channel branches[J]. Journal of hydraulic engineering. 1988, 114(4):428-438.

［49］Nakato T，Kennedy J F，Bauerly D. Pump-station intake-shoaling control with submerged vanes[J]. Journal of Hydraulic Engineering. 1990，116(1)：119-128.

［50］Alomari N K，Yusuf B，Ali T A M，et al. Flow in a branching open channel：a review[J]. Pertanika Journal of Scholarly Research Reviews，2016，2(2)：

［51］Alomari N K，Yusuf B，Mohammad T A，et al. Experimental investigation of scour at a channel junctions of different diversion angles and bed width ratios[J]. CATENA，2018，166：10-20.

［52］Herrero A，Bateman A，Medina V. Water flow and sediment transport in a 90° channel diversion：an experimental study[J]. Journal of Hydraulic Research，2015，53(2)：252-263.

［53］Xu M，Chen L，Wu Q，et al. Morph-and hydro-dynamic effects toward flood conveyance and navigation of diversion channel [J]. International Journal of Sediment Research，2016，31(3)：264-270.

［54］Mignot E，Doppler D，Riviere N，et al. Analysis of flow separation using a local frame axis：Application to the open-channel bifurcation[J]. Journal of Hydraulic Engineering，2013，140(3)：280-290.

［55］Redolfi M，Zolezzi G，Tubino M. Free instability of channel bifurcations and morphodynamic influence[J]. Journal of Fluid Mechanics，2016，799：476-504.

［56］Lacey G，A general theory of flow in alluvium，Journal of the Institution of Civil Engineers，1946，27：16-47.

［57］Blench T. Regime behavior of canals and rivers[R]. 1957.

［58］Simons D B，Albertson M L. Uniform water conveyance channels in alluvial materials[J]. Journal of the Hydraulics Division，1960，86(5)：32-71.

［59］Lane E W，Liu H K，Lin P. The Most efficient stable channel for comparatively clear water in non-cohesive materials[J]. CER：59-5，2007.

［60］White W R，Bettess R，Paris E. Analytical approach to river regime[J]. Journal of the Hydraulics Division，1982，108(10)：1179-1193.

［61］Griffiths G A. Extremal hypotheses for river regime：an illusion of progress[J]. Water Resources Research，1984，20(1)：112-118.

［62］Wang S，White W R，Bettess R，A rational approach to river regime. Proceedings of the Third International Symposium on River Sedimentation，University of Mississippi，1986，167-176.

［63］Betterss R. Extremal hypothesis applied to river regime[J]. Sediment transport in gravel-bed rivers，1987.

［64］Singh V P. On the theories of hydraulic geometry[J]. International journal of sediment research，2003，18(3)：196-218.

［65］Huang H Q, Nanson G C. Hydraulic geometry and maximum flow efficiency as products of the principle of least action[J]. Earth Surface Processes and Landforms：The Journal of the British Geomorphological Research Group，2000，25(1)：1-16.

［66］宋晓龙,钟德钰,王光谦.河相关系的随机微分方程建模与研究[J].水利学报,2019,50(03)：364-376.

［67］张玮,吴彦颖,雷潘.基于局部最优能耗原理的分汊河道河相关系[J].中国港湾建设,2019,39(04)：1-7.

［68］孙志林,杨仲韬,高运,等.长江分汊河口水力几何形态[J].浙江大学学报(工学版),2014,48(12)：2266-2270＋2292.

［69］孙志林,高运,许丹.分汊河道平衡水深方法[J].哈尔滨工程大学学报,2019,40(01)：61-66.

［70］郑昊.自回避随机游走的储层三维建模技术研究与实现[D].西安石油大学,2010.

［71］钱宁,张仁,周志德.河床演变学[M].科学出版社,1987.

［72］Leopold L B, Wolman M G, Miller J P. Fluvial processes in geomorphology[M]. Courier Corporation，2012.

［73］Rust B R. A classification of alluvial channel systems[J].1977.

［74］左利钦,陆永军,季荣耀,等.下荆江窑监河段河床演变及整治初步研究[J].水利水运工程学报,2011(04)：39-45.

［75］黎礼刚,郑文洋,卢金友,等.下荆江监利河段近期河道演变与综合整治初探[J].长江科学院院报,2006(05)：6-9＋13.

［76］Cao Z, Wei L, Xie J. Sediment-laden flow in open channels from two-phase flow viewpoint[J]. Journal of hydraulic engineering，1995，121(10)，725-735.

［77］Hirano M. River-bed degradation with armoring[J]. Doboku Gakkai Ronbunshu，1971，1971(195)：55-65.

［78］Meyer-Peter E, Müller R. Formulas for bed-load transport；proceedings of the IAHSR 2nd meeting, Stockholm, appendix 2, F, 1948[C]. IAHR.

［79］Bagnold R A. An approach to the sediment transport problem from general physics [M]. US government printing office，1966.

［80］Einstein H A. The bed-load function for sediment transportation in open channel flows［M］. Citeseer，1950.

［81］Engelund F，Fredsøe J. A sediment transport model for straight alluvial channels ［J］. Hydrology Research，1976，7(5)：292-306.

［82］Yalin M S. An expression for bed-load transportation［J］. Journal of the Hydraulics Division，1963，89(3)：221-250.

［83］Ashida K，Michiue M. Study on hydraulic resistance and bed-load transport rate in alluvial streams：proceedings of the Proceedings of the Japan Society of Civil Engineers，F，1972［C］. Japan Society of Civil Engineers.

［84］Bridge J S，Bennett S J. A model for the entrainment and transport of sediment grains of mixed sizes，shapes，and densities［J］. Water Resources Research，1992，28(2)：337-363.

［85］Wu W，Wang S S Y，Jia Y. Nonuniform sediment transport in alluvial rivers［J］. Journal of hydraulic research，2000，38(6)：427-434.

［86］张瑞瑾,谢鉴衡,王明甫.河流泥沙动力学［M］.北京：水利电力出版社，1989.

［87］沙玉清.泥沙运动学引论［M］.北京：中国工业出版社,1965.

［88］韩其为.非均匀悬移质不平衡输沙的研究［J］.科学通报,1979(17)：804-808.

［89］Van Leer B. Towards the ultimate conservative difference scheme. V. A second-order sequel to Godunov's method［J］. Journal of computational Physics，1979，32(1)：101-136.

［90］Godunov S K. A difference method for numerical calculation of discontinuous solutions of the equations of hydrodynamics［J］. Matematicheskii Sbornik，1959，89(3)：271-306.

［91］Le Touze C，Murrone A，Guillard H. Multislope MUSCL method for general unstructured meshes［J］. Journal of Computational Physics，2015，284：389-418.

［92］Park J S，Yoon S H，Kim C. Multi-dimensional limiting process for hyperbolic conservation laws on unstructured grids［J］. Journal of Computational Physics，2010，229(3)：788-812.

［93］Van Albada G D，Van Leer B，Roberts W W. A comparative study of computational methods in cosmic gas dynamics［M］//Upwind and High-Resolution Schemes. Springer，Berlin，Heidelberg，1997：95-103.

［94］Toro E F，Spruce M，Speares W. Restoration of the contact surface in the HLL-

Riemann solver[J]. Shock waves, 1994, 4(1): 25-34.

[95] Harten A, Lax P D, Leer B. On upstream differencing and Godunov-type schemes for hyperbolic conservation laws[J]. SIAM review, 1983, 25(1): 35-61.

[96] Hou J, Liang Q, Simons F, et al. A 2D well-balanced shallow flow model for unstructured grids with novel slope source term treatment[J]. Advances in Water Resources, 2013, 52: 107-131.

[97] Liang Q, Marche F. Numerical resolution of well-balanced shallow water equations with complex source terms[J]. Advances in water resources, 2009, 32(6): 872-884.

[98] 赵丹禄,邢岩,艾丛芳.180°弯曲水槽内床面冲淤演化过程数值模拟[J].长江科学院院报,2014,31(09): 1-5.

[99] Thacker W C. Some exact solutions to the nonlinear shallow-water wave equations [J]. Journal of Fluid Mechanics, 1981, 107: 499-508.

[100] Delis A I, Nikolos I K. A novel multidimensional solution reconstruction and edge-based limiting procedure for unstructured cell-centered finite volumes with application to shallow water dynamics[J]. International Journal for Numerical Methods in Fluids, 2013, 71(5): 584-633.

[101] Gallardo J M, Parés C, Castro M. On a well-balanced high-order finite volume scheme for shallow water equations with topography and dry areas[J]. Journal of Computational Physics, 2007, 227(1): 574-601.

[102] Marche F, Bonneton P, Fabrie P, et al. Evaluation of well-balanced bore-capturing schemes for 2D wetting and drying processes[J]. International Journal for Numerical Methods in Fluids, 2007, 53(5): 867-894.

[103] Ricchiuto M, Abgrall R, Deconinck H. Application of conservative residual distribution schemes to the solution of the shallow water equations on unstructured meshes[J]. Journal of Computational Physics, 2007, 222(1): 287-331.

[104] Rajaratnam N, Ahmadi R. Hydraulics of channels with flood-plains[J]. Journal of Hydraulic Research, 1981, 19(1): 42-60.

[105] Hubbard M E. Multidimensional slope limiters for MUSCL-type finite volume schemes on unstructured grids[J]. Journal of Computational Physics, 1999, 155 (1): 54-74.

[106] Liu C, Luo X, Liu X, et al. Modeling depth-averaged velocity and bed shear stress

in compound channels with emergent and submerged vegetation[J]. Advances in Water Resources, 2013, 60: 148-159.

[107] Shan Y, Liu X, Yang K, et al. Analytical model for stage-discharge estimation in meandering compound channels with submerged flexible vegetation[J]. Advances in water resources, 2017, 108: 170-183.

[108] Ye J, McCorquodale J A. Depth-averaged hydrodynamic model in curvilinear collocated grid[J]. Journal of Hydraulic Engineering, 1997, 123(5): 380-388.

[109] Struiksma N, Olesen K W, Flokstra C, et al. Bed deformation in curved alluvial channels[J]. Journal of Hydraulic Research, 1985, 23(1): 57-79.

[110] 谢鉴衡,丁君松,王运辉.河床演变及整治[M].北京:水利电力出版社,1990.

[111] 钱宁,万兆惠.泥沙运动力学[M].北京:科学出版社,1983.

[112] 李家星,赵振兴.水力学[M].南京:河海大学出版社,2001.

[113] 黄才安,奚斌.水流能耗率极值原理及其水力学实例研究[J].长江科学院院报, 2002(05): 7-9.

[114] 倪晋仁,张仁.河型成因的各种理论及其间关系[J].地理学报,1991(03): 366-372.

[115] Yang C T. Minimum unit stream power and fluvial hydraulics[J]. Journal of the Hydraulics Division, 1976, 102(7): 919-934.

[116] Chang H H. Fluvial processes in river engineering[M]. 1992.

[117] 黄万里,连续介质动力学最大能量耗散定律,清华大学学报,1981,(1): 87-96.

[118] 倪晋仁,张仁.河相关系中的极值假说及其应用[J].水利水运科学研究,1991(03): 307-318.

[119] 刘东和.梯形渠道水力最优断面计算[J].华东水利学院学报,1978(01): 130-134.

[120] 张志昌,刘亚菲,刘松舰.抛物线形渠道水力最优断面的计算[J].西安理工大学学报,2002(03): 235-237.

[121] 魏文礼,杨国丽.立方抛物线形渠道水力最优断面的计算[J].武汉大学学报(工学版),2006(03): 49-51.

[122] 张玮,柴跃跃.基于最小能耗原理的明渠水力最佳断面数值研究[J].科学技术与工程,2018,18(21): 294-299.

[123] 黄河清.冲积河流平衡条件对输沙函数敏感度的数理分析[J].中国科技论文在线, 2007(09): 629-634.

[124] DuBoys P. Le Rhône et les rivières à lit affouillable (River Rhone and tributaries of unconsolidated sediments)[J]. Annum Ponts et Chaussées, 1879, 5: 141-195.

［125］刘晓芳,黄河清,邓彩云.冲积河流稳定平衡条件与断面几何形态的数理分析[J].泥沙研究,2012(01)：14-22.

［126］Simons D B, Richardson E V. Resistance to flow in alluvial channels［M］. US Government Printing Office，1966.

［127］Engelund F. Hydraulic resistance of alluvial streams[J]. Journal of the Hydraulics Division，1966，92(2)：315-326.

［128］李志威,王兆印,余国安.卵砾石淤积的沙洲发育机理[J].水力发电学报,2014,33(03)：126-132＋149.

［129］刘晓芳,黄河清,邓彩云.江心洲平衡形态水动力条件的理论分析[J].水科学进展,2014,25(04)：477-483.

［130］张杰,葛华.三峡工程运用初期监利河段河势变化预测[J].长江科学院院报,2011,28(05)：82-86.

［131］彭玉明,高志斌.长江监利河段近期河道演变分析[J].人民长江,2006(12)：78-81.